哈

有趣到睡不著的植物學

面白くて眠れなくなる植物学

花朵占卜有必勝法！

稻垣榮洋 著　游韻馨 譯

目錄

Part 1

不可思議的植物故事

Part 2

有趣到睡不著的植物學

Part 3

一讀就停不下來的植物故事

前言

一窺植物的神奇世界

「天空不能沒有星辰，大地不能無花，人類不能沒有愛。」

這是十八世紀德國詩人歌德的名言。

歌德不只是有名的文豪，同時也是偉大的自然科學家。歌德還說：「花是從葉子演變而來的。」這說法出自他一七九〇年撰寫的《植物變形記》。

但，事實真是如此嗎？

的確，花瓣與葉片外形極為相似。葉子上有一條條葉脈，這是運送水分和養分的管路。仔細觀察花瓣，也能看到類似葉脈的結構，這結構稱為「花脈」。若是從這一點來看，花瓣確實可說是葉子的變形。

花有雄蕊和雌蕊，雄蕊和雌蕊也是葉子的變形嗎？

有一種花型稱為「重瓣花」，指的是有多層花瓣的花朵型態。這種花瓣是由雄蕊或雌蕊演變而成的，這麼說來不僅花瓣是葉子的演變，連雄蕊和雌蕊也是由葉子演變而來的。

◇

歌德撰寫《植物變形記》至今已然一百七十年，他的主張也已受到分子生物學「ABC模型」的認證。

科學家以阿拉伯芥為研究對象，發現當阿拉伯芥出現某種基因突變，花的各個組織就會變成雄蕊。這個只會演變出「雄花」的突變體，稱為「超級小子基因」（SUPERMAN基因）。

隨著研究愈加深入，科學家發現花的形成是由A、B、C三類基因組合演變而成。如果只有A類基因產生作用，會形成萼片；A類與B類基因共同作用會形成花瓣；如果只有C類基因產生作用，則會形成雌蕊；B類與C類基因共同作用則形成雄蕊；若A、B、C三類基因都沒有產生作用，則演變成葉片。

這個研究證明了葉子演變成花瓣的生成機制。然而我著墨的重點不在於「How（如何演變）」，而是「Why（為什麼？）」。為什麼植物的葉子會變成花？為什麼植物的花那麼美？為什麼蒲公英的花是黃色，堇菜的花是紫色的？仔細想想，植物的世界還有許多我們不知道的事情。

植物就像空氣般存在於我們身邊，但它們並非毫無緣由的長在那裡。植物的世界充滿謎團，本書要做的就是揭開植物的謎團。

◇

說到「植物學」，大多數人可能覺得枯燥無味、毫無樂趣，或認為這是一門艱澀難懂的學問，事實上絕非如此。只要有心打開植物學的大門，一窺植物的神奇世界，你會發現植物真的有趣到讓你睡不著覺。

Part 1

不可思議的植物故事

112358
132134

01

樹木會長多大？

巨樹如何吸水？

日本最古老的歷史書《古事記》中有一則巨樹傳說。相傳大阪南方有一棵高聳參天的樟樹，樹蔭廣大到就連位於大海另一邊的淡路島都能遮蔭。喔，這棵樹究竟有多大啊？

姑且不論那樣的巨樹是否真實存在，一般圍繞在日本神社外的原始林，也就是所謂的「鎮守之森」中，也有許多令人抬頭仰望的大樹。樹木到底可以長多高？大家都知道植物必須依靠深植於地底的根部吸水，參天的巨樹是如何將水分抽高運送到每一個樹梢的頂端呢？

植物體內有吸管？

人類和動物的體內都有一顆心臟，心臟的功能就像幫浦，心臟收縮產生壓力將血液運送至腦部以及身體各處。長頸鹿可以說是動物界身高最高的動物，身高大約三公尺左右，為了將血液運送至身體各處，長頸鹿的血壓比人類高出將近兩倍，然而心臟幫浦有可能將水分運送到五十公尺高的地方嗎？事實上這根本是不可能的任務。

何況植物沒有心臟，要將水分運送至五十公尺高的地方，植物運用的是大氣壓力來輸送水分，怎麼說呢？

我們身邊四周充滿著空氣，空氣是有重量的。每一立方公尺的空氣重量大約一公斤，當我們張開手掌，手掌上的空氣換算下來，大約有幾十公斤的空氣。有趣的是，我們感覺不到空氣有重量，這是因為上下左右的空氣重量都相互抵消了的緣故。不只是我們的手掌下方有空氣，我們體內也充滿空氣，身體內外空氣壓力相互抵消，人體就不會被外在空氣壓力壓扁。

吸管為什麼能將水往上吸？當抽光吸管內的空氣，形成真空狀態，吸管外的空氣壓力就會將吸管下方的水往上擠壓，充滿吸管內部，大氣壓力就是這樣將吸管下方的水推往吸管頂端。若有一根很長很長的吸管，是不是水就能吸到很高的地方呢？實際狀況下，水最多只能吸到十公尺高。這是由於空氣的重量一立方公尺約一公斤，水的重量一立方公分約一公克，因此十公尺的水柱正好和大氣重量互相抵消，水再也無法升高上去了。

那問題來了，世界上有許多超過十公尺的巨樹，這些巨樹究竟如何將水吸到十公尺以上的高處？祕密武器就是「蒸散」。

什麼是蒸散呢？植物葉子的背面有許多氣孔，用來吸收並排出空氣，當植物體內的水分變成水蒸氣，從氣孔排出，這個過程便稱為「蒸散」。從根部吸收的水分在植物體內形成一條水柱，向氣孔流失出去。就像利用吸管吸水一樣。

蒸散作用可以將水往上引到一百三十到一百四十公尺高，就算真有一根很長很長的吸管，要從一百公尺以上的高度吸水，也是很難做到的事情。蒸散作用的力量可真是大啊！

葉片的蒸散作用

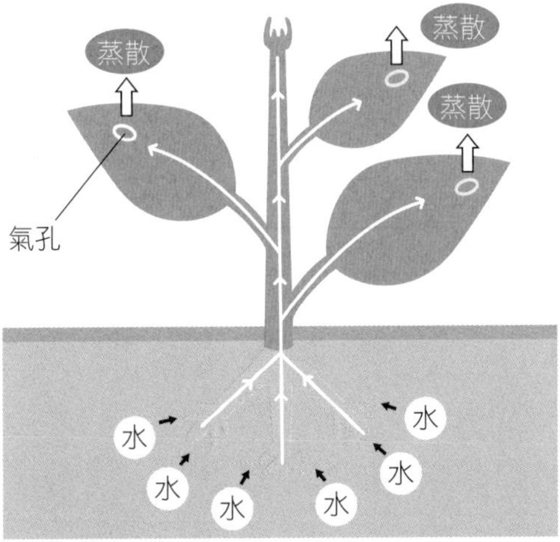

植物藉由蒸散作用將水由下往上吸高

目前全世界最高的樹是美國加州的加州紅木，高達一百一十五公尺，相當於二十五層樓高。理論上樹木高度不會超過一百四十公尺，因此，高大到樹蔭足以覆蓋淡路島的傳說巨樹並不存在。

02 植物的達文西密碼

出現在電影中的神祕號碼

好萊塢電影《達文西密碼》由一個殺人事件展開序幕，描述主角發現達文西名畫中隱藏的密碼，進而揭開與基督教有關的層層謎團。

電影中用來打開地下金庫的密碼是「1123581321」。說到密碼，相信不少人都用出生年月日或電話號碼，不過這串數字不一樣。這串數字是依據某項規則產生的，只要理解規則，你也能過目不忘，隨時隨地都能想起地下金庫的密碼。嚴格來說，這串數字是由「1，1，2，3，5，8，13，21」八個整數排列而成，而且這串整數沒有終點：「1，1，2，3，5，8，13，21，34，55……」乍看之下是一串不規則排列的數字，卻是依照某種規則產生的，各位知道是什麼規則嗎？不妨動動腦想一想。

潛藏在自然界的神祕數列

「1，1，2，3，5，8，13，21」這串整數是由加總前兩個數字所形成的數列。簡單來說，就是1＋1＝2，1＋2＝3，2＋3＝5，3＋5＝8，5＋8＝13……以這個規則產生的。這數列稱為費波那契數列（Fibonacci numbers）。

一般人都以為這是隨機產生、艱澀難懂的數字，事實上，我們可以在自然界的許多現象背後發現這串數字。

假設一對兔子生長一個月就達到性成熟，從第二個月起，每個月都能生下一隻兔子寶寶。

因此，第一個月有一對兔子，第二個月有兩對兔子。到了第三個月，最初的一對兔子又生了一對兔寶寶，這時候總計有三對兔子。日積月累下去，第四個月就有五對兔子，第五個月有八對兔子……生物繁殖的數量便是依循費波那契數列的規則性產生。

植物依循費波那契數列生長

接下來，我們將費波那契數列中的任何一個整數除以前一個整數。例如：3÷2＝1.5，5÷3＝1.67，8÷5＝1.6。繼續除下去，會愈來愈接近一個比值1.618。這個比值稱為「黃金比例」，指的是最完美的數學比例。

不可思議的是，我們也能從植物生長發現費波那契數列的規律。

讓我們來看看植物的葉片，那些生長在植物莖部的葉片可不是隨便長的。植物的葉子為了照射到充足陽光，因此交錯生長。葉子的生長順序方式稱為「葉序」。不同種類的植物有其獨特的生長角度。

舉例來說，有些植物是以三六〇度的二分之一，也就是一八〇度交錯生長。這類植物由下往上數二片葉子，剛好繞莖部一周，回到原本的位置。有些植物是以三六〇度的五分之二，也就是一四四度交錯生長。這類植物由下往上數五片葉子，剛好繞莖部兩周，回到原本的位置。舉一反三，只要數第幾片葉子剛好繞

兔子的繁殖數量依循費波那契數列規則

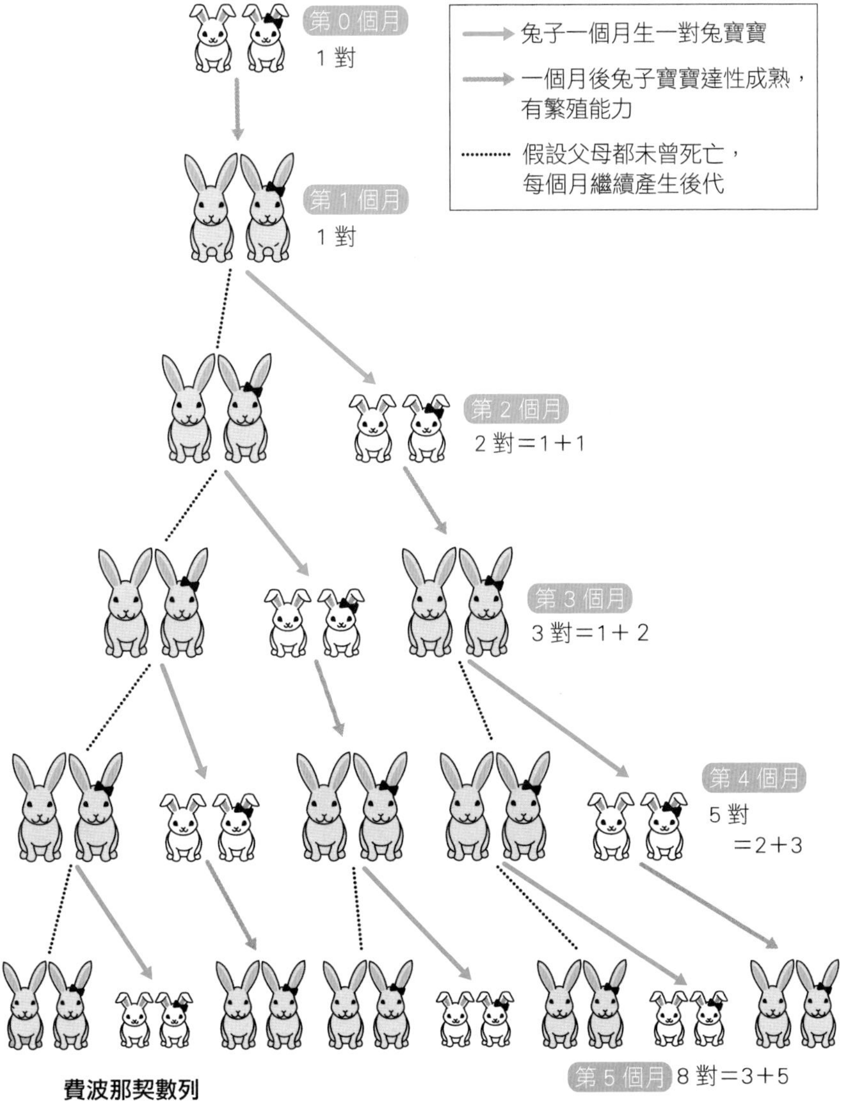
兔子一個月生一對兔寶寶
一個月後兔子寶寶達性成熟，有繁殖能力
假設父母都未曾死亡，每個月繼續產生後代
第 0 個月
1 對
第 1 個月
1 對
第 2 個月
2 對＝1＋1
第 3 個月
3 對＝1＋2
第 4 個月
5 對
＝2＋3
第 5 個月
8 對＝3＋5

費波那契數列

1，1，2，3，5，8，13，21，34，55，89，144，233，377……

植物葉片依循費波那契數列的規則生長

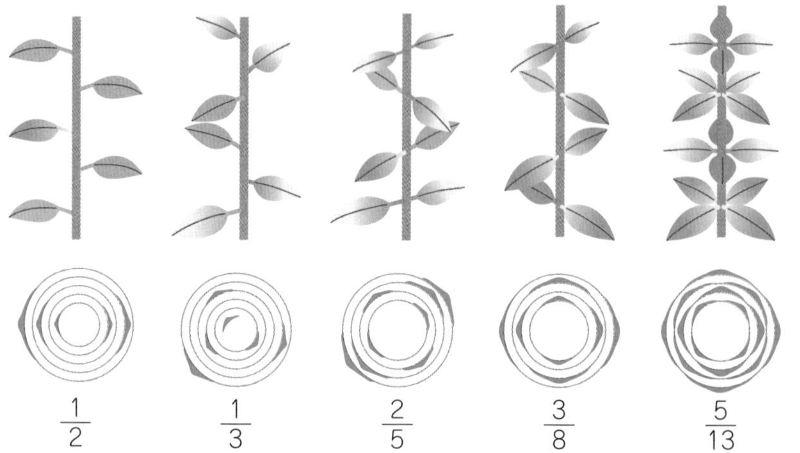

莖部幾周，回到原本的位置，就能算出葉片交錯生長的角度。此外，也有些植物是以三六〇度的八分之三，也就是一三五度交錯生長。

$\frac{1}{2}$、$\frac{1}{3}$、$\frac{2}{5}$、$\frac{3}{8}$、$\frac{5}{13}$……。

你發現了嗎？這些分數的分母與分子，都是依照費波那契數列排列而成的。植物葉片的配置依照費波那契數列生長的現象稱為「興柏-布朗定律」（Schimper-Braun's law）。

葉片生長充滿巧思

以360度除以黃金比例360÷1.618，可得出222.5度。另一邊較小的角度是137.5，這是費波那契數列導出比例最均衡的角度。就像先前說的，植物為了不讓葉子交疊，可以有效照射陽光，同時為了維持均衡的莖部強度，形成了依循費波那契數列的規則配置葉子的生長角度。

由於葉片生長無法做到精確的黃金比例，因此大多數植物交錯生長的角度選擇最接近137.5度的五分之二（144度）或八分之三（135度）。

無論如何，植物生長模式採用黃金比例或複雜數列規則的事實，依舊令人覺得不可思議。

03

花朵占卜必勝法

大波斯菊不適合花朵占卜

女孩最喜歡「花朵占卜」。

花朵占卜指的是將花瓣一片片摘下，嘴裡唸著「他喜歡我」、「他不喜歡我」、「他喜歡我」、「他不喜歡我」……以最後一片花瓣代表的意思，確認對方是否喜歡自己的占卜方法。（以下所指的花瓣是通俗說法，包含以許多花朵集合而稱作的花序，以花序的小花朵來計算數量。）

大家都說不能用大波斯菊進行花朵占卜。因為大波斯菊的花瓣有八片，是偶數，因此無論占卜幾次，最後一片都是「他不喜歡我」。如果要用大波斯菊占卜，請務必從「他不喜歡我」開始。

不同種類的花各有不同的花瓣片數

那萬壽菊呢？

萬壽菊的花瓣有十三片，是奇數，因此會以「他喜歡我」作結，顯然萬壽菊比大波斯菊能得到占卜的好結果。

「他喜歡我」作結的花朵占卜法

你發現了嗎？雖然女孩們都是充滿希望的摘下花瓣，但她們使用的花朵種類早就決定了占卜結果（因為花瓣數目是固定的）。

瑪格麗特菊（木春菊）是花朵占卜常用的花卉，因為瑪格麗特菊的花瓣有二一片，是奇數，十分適合花朵占卜。由於這個緣故，女孩們都很喜歡瑪格麗特菊。

雛菊的外觀近似瑪格麗特菊，但雛菊的花瓣有三四片，是偶數，使用時請務必注意。

非洲菊也是花朵占卜常用的花。它的花瓣有五五片，是奇數，因此很適合花朵占卜。

花瓣較多的花很容易因營養條件等因素，導致花瓣數目不同。使用瑪格麗特菊和非洲菊進行占卜，卻卜出「他不喜歡我」的結果，代表這段戀情真的無望，就別再多費心思。

花瓣也潛藏費波那契數列規則？

接著來看看其他花卉的花瓣數目。

你知道櫻花花瓣有幾片嗎？

櫻花的花瓣為五片，櫻花是日本的象徵，日本東京爭取二〇二〇年奧運主辦權便以櫻花為形象標誌，同時日本相撲協會也以櫻花為會徽。

櫻花花瓣有五片

百合花有幾片花瓣呢？

百合花的花瓣看起來有六片，實際上只有三片。內輪三片為花瓣，外輪三片則是花萼。

總的來說，百合花有三片花瓣，櫻花有五片花瓣，大波斯菊有八片，萬壽菊有十三片，瑪格麗特菊有二十一片，雛菊有三十四片，非洲菊有五十五片。

3，5，8，13，21，34，55……。

咦？這個數列好像似曾相識啊！

沒錯，其實植物的花瓣也依循前面介紹的費波那契數列規則生長。

植物的花原本就是從葉片分化出來的。葉片為了提高生長效率採用費波那契數列排列，花瓣也為了排列出完美比例採用費波那契數列。

大自然的創造者可說是偉大的數學家。從植物身上解析出如此完美的數列，真是不可思議。

所有花卉皆呈現出完美數列

話說回來，如果仔細尋找，還是能找到例外。例如油菜花有四片花瓣，除此之外還會發現有七片、十一片或十八片花瓣的花。這些植物是否跳脫了費波那契數列的宿命？

事實上，4，7，11，18……的排列方式也和費波那契數列一樣，遵循「相加前二個數字」的規則。

費波那契數列的第一個數字是一，第二個數字也是一，相加前二個數字後，排列出1，1，2，3，5……，若第一個數字是2，第二個數字是1，相加前一個數字後，就能排列出2，1，3，4，7……。這個與費波那契數列相似的數字串稱為「盧卡斯數列」。

果然不出所料，所有花卉植物都可以找到完美的數列規則。

04 花兒為誰開？

人們單戀花

人都愛花。

人會送花束給自己心儀的對象，喜歡在花圃種花，掃墓時在墳前供奉花卉。遺憾的是，植物並不是為了人類開花。

除了園藝用的改良花卉，會依照人們的喜好開出適合的顏色與形狀的花朵之外，野生植物從來不是為了讓人類欣賞或喜愛而開花。人們雖愛花，卻是單方面的一廂情願。

話說回來，植物為誰開花？

昆蟲受到花的吸引前來，為植物傳播花粉，幫助受粉，產生種子。可以這麼說，美麗的花瓣、清甜的香氣都是為了吸引昆蟲，就連花朵顏色和外形也有相對應的理由。花不會無緣無故的綻放。

初春開出花海的原因

初春時節，大家經常都能欣賞到美麗的花海，一眼望過去，油菜花、蒲公英等鮮豔的黃色花朵彷彿鋪天蓋地，遼闊無邊。初春的氣溫仍低，花虻是這個時期最早活動的昆蟲，而且牠最喜歡黃色花朵。初春的植物為了吸引花虻，才開黃色的花。

不過，吸引花虻有一個缺點。

蜜蜂等蜂類昆蟲會在同一種花卉間飛來飛去，但花虻不同，牠們無法辨識花卉種類，所以常流連於不同花卉之間。也就是說，將油菜花的花粉運送到蒲公英身上，是無法結出種子的。這對植物來說，極不利於繁衍後代，油菜花的花粉必須運送到油菜花身上才行。

問題來了，該如何讓花虻將花粉運送到對的地方？

植物已經做好因應對策，解決這個問題。

注意到了嗎？初春開花的植物都有成群生長的特質，它們聚在一起開花。只要群聚開花，花虻就不用飛遠，可以就近在花叢裡傳播花粉。這樣一來，花虻便在同一種花卉間遊走。由於這個緣故，初春時期開的花都會形成一片壯觀美麗的花海。

蜜蜂是優秀的夥伴

再來說說蜜蜂，吸引蜜蜂的紫色花卉通常隔得較遠。

蜜蜂等蜂類昆蟲是植物最歡迎的夥伴，這是為什麼呢？

首先，蜜蜂是工作狂，龐大的家族圍繞女王蜂過著群居生活。蜜蜂為了家人，奔波於花朵之間採花蜜。對植物來說，蜜蜂可以幫助它們運送大量花粉。

不僅如此，蜜蜂很聰明，懂得辨別同種類花卉，正確的散播花粉。加上蜜蜂的飛行能力很強，可以飛到很遠的地方。即使花卉之間隔得很遠，也能確實運送與散播花粉。

花虻被黃花吸引、蜜蜂被蜜源標記吸引

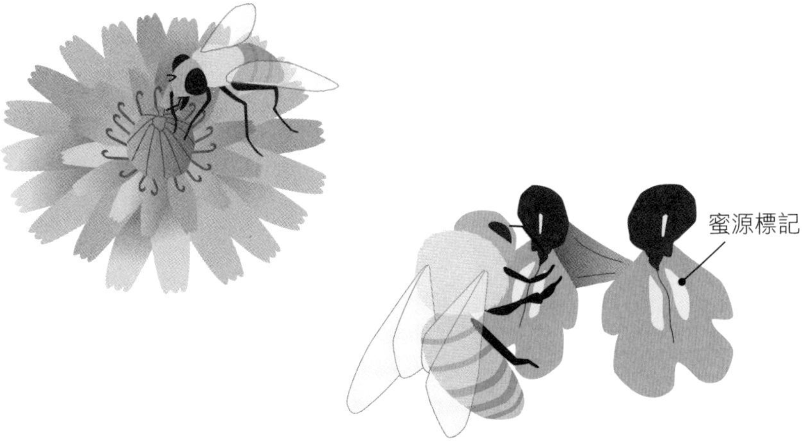

假設在同一個地方有各種花卉想要吸引蜜蜂，代表這裡有大量花蜜等著蜜蜂來採。此時出現了一個問題。

當一個地方有大量花蜜，除了蜜蜂之外，也會吸引其他昆蟲前來。原本為了蜜蜂準備的花蜜，很可能被其他昆蟲捷足先登。這時紫色花為了只讓蜜蜂採蜜，它使用了很聰明的方式，是什麼方式呢？

花蜜藏在花朵深處

關於這個問題，植物早就做好對策了。

紫色的花為了只讓蜜蜂採走花粉，準備了一道只有蜜蜂能通過的測試題目。

各位如果仔細觀察紫色花卉，會發現花形相當複雜。基本上紫色花朵呈細長形，花蜜就藏在花朵深處，並在花瓣以「蜜源標記」顯示花蜜所在處。蜜源標記是花朵上的圖案，標示著花蜜所在，有些蜜源標記人類的肉眼看不見，這是由於人類眼睛只看得見反射的可見光，昆蟲除了可見光之外還看得見紫外光，因此在陽光照射下，反射紫外光的蜜源標記就非常明顯，像是對著蜜蜂招手：「快來呀，甜美的花蜜在這裡！」於是蜜蜂便前來採蜜。蜜蜂理解蜜源標記的意思，能往前潛入狹窄空間，還能倒退出來，這樣的昆蟲，才能採到花蜜。

蜜蜂具備通過測試、採到花蜜的能力，讓牠更願意遊走於測試機制的花朵之間。這就是牠選擇同一種花卉採蜜的原因。

話說回來，蜜蜂終究不是慈善家，牠沒有義務協助植物同種花卉散播花粉、促進繁衍。所有生物都是為了自己的利益行動，只是蜜蜂這樣的利己行為看在人類眼裡，就像是和植物建立起互助互利的雙贏關係。自然界的生態機制令人激賞，敬佩不已。

自然界的生態機制真令人敬佩。

05

蝴蝶為什麼停在菜葉上？

白粉蝶停在菜葉上

「蝴蝶，蝴蝶停在菜葉上，覺得夠了就停在櫻花上。」

一聽到這首日本童謠《蝴蝶》，就讓人聯想到蝴蝶在油菜花田間飛舞的模樣。不過，這首歌出現的並不是「油菜花」，而是「菜葉」。

童謠中的蝴蝶指的是白粉蝶，牠們經常停在菜葉上。白粉蝶的幼蟲「青蟲」以油菜與高麗菜等十字花科植物的葉子為食，因此雌白粉蝶必須將卵產在十字花科植物上。

這首歌的原版歌謠，歌詞寫的不是「覺得夠了就停在櫻花上」，而是「如果不喜歡菜葉，那就停在這片葉子上」。

白粉蝶會用前腳確認十字花科植物分泌的物質。簡單來說，白粉蝶之所以四處停在葉子上，是為了尋找十字花科植物，好將卵產在葉子上。

昆蟲也會挑食？

為什麼白粉蝶的幼蟲只吃十字花科植物？不挑食的攝食行為才能擴展生存場域，增加自己活下來的機會，不是嗎？

其實，青蟲這麼做是有原因的。

許多昆蟲都以植物維生，植物為了預防昆蟲的食害，體內儲備了各種驅避物質和毒素，用來保護自己，避免受到外來傷害。

另一方面，昆蟲幼蟲不吃葉子就會餓死。因此昆蟲也發展出分解毒素的方法，想盡辦法吃到葉子。

每種植物含有的毒素種類不同，所以昆蟲會先鎖定目標植物，再找出破解該植物防禦體系的方法。

不過，植物也不是省油的燈。既然昆蟲已經破解它的防禦體系，它也會想出新對策保護自己。然後，昆蟲又想出新的破解方法，順利填飽肚子。

這是一場生存之爭，植物和昆蟲都賭上了自己的性命，絕對不能輸。對青蟲來說，短時間要花心力破解非十字花科植物的防禦體系，是難如登天的事情，因此牠只針對十字花科植物，盡全力發展因應對策。

昆蟲與植物的共同演化

植物與昆蟲就是這樣建立了特定的競爭關係，生生世世的互相競爭。其他也有許多未鎖定特定植物的昆蟲，牠們不鎖定也有自己的理由。

昆蟲與植物是在競爭中共同演化，這樣的演化類型稱為「共同演化」。共同演化不僅限於敵對關係。就像二八頁介紹過的，花與昆蟲也是「共同演化」的關係。

舉例來說，花朵希望蜜蜂運送花蜜，因此發展出唯有蜜蜂才能採蜜的花朵外形。於是，蜜蜂也演化出方便潛入花朵深處的體型，同時也更加喜歡特定花蜜。雙方建立了特殊夥伴關係，完成花朵散播花粉的企圖。

06 花的初戀物語

第一隻運送花粉的昆蟲

每個人都有過初戀吧。

古早以前，植物都是靠風運送花粉，那個時代的植物開的花沒有花瓣，無法吸引昆蟲。在漫長的演化過程中，出現了第一隻運送花粉的昆蟲，當時的植物究竟是什麼模樣？而第一隻運送花粉的昆蟲又是什麼昆蟲？

昆蟲從植物身上採花蜜與花粉，植物需要昆蟲幫忙運送花粉，建立起兩廂情願的共生關係，一般認為第一隻運送花粉的昆蟲是金龜子。金龜子就是植物的初戀情人。

金龜子一開始是為了吃花粉而接近花，對花來說，金龜子會危害植物，第一印象並不好。所謂不打不相識，後來在偶然機會下，植物發現了金龜子的優點。

有一次，金龜子身上沾附了花粉，飛到其他花朵，不經意的將花粉沾到雌蕊上，完成受粉。這就是植物與金龜子展開戀情的機緣。

儘管花粉被昆蟲吃了，但利用昆蟲將花粉運送到各花朵之間，遠比靠風散播花粉更有效率。因此，以昆蟲運送花粉的「蟲媒花」成為植物演化的主流趨勢。

達爾文的「惱人之謎」

吸引昆蟲靠近的被子植物，是由裸子植物演化而來的，其演化過程充滿謎團。提出演化論的達爾文將被子植物的起源稱為「惱人之謎」。達爾文釐清了人類和猴子有共同的祖先，卻無法揭開被子植物的演化之謎，可見真的很惱人。

達爾文（一八〇九～一八八二）

就像人類的初戀總是笨拙、不知變通，植物的演化也是一樣。即使到現在，金龜子依然笨拙，不像蝴蝶或蜜蜂翩翩飛舞，每次降落在花朵上，看起來總像墜

在紫玉蘭採花蜜的金龜子

紫玉蘭是至今仍保留古早時代花形的植物之一

機一樣，牠喜歡在花朵裡來回走動，吃光花粉。由於這個緣故，紫玉蘭等木蘭屬植物的花朵朝上綻放，裡面有許多雄蕊和雌蕊，空間配置也方便金龜子來回走動。

直到今天，需要花金龜、花天牛等鞘翅目昆蟲幫忙運送花粉的植物，通常都會開扁平狀小花，方便金龜子等昆蟲活動。這就是植物與金龜子的初戀型態。

金龜子是夏天活動的昆蟲，需要金龜子運送花粉的花以白色居多，在一片蔥綠之中更顯出色。

白色是純粹的顏色，金龜子選擇的初戀之花就是純潔的白色。

07 三角龍的衰退與植物的演化

被子植物與三角龍

三角龍是深受孩子們喜歡的恐龍之一。顧名思義，三角龍就是「頭上有三隻角的恐龍」。

三角龍也是恐龍族群中演化程度很高的種類。

在三角龍出現之前，草食恐龍大多有長長的脖子，能吃到高高的樹上葉子。然而身為草食動物的三角龍脖子卻很短，腿也不長，而且頭部平時是朝下的，體型就像牛或犀牛。事實上，三角龍的食物不是樹上的葉子，而是生長在地面的小花小草。

在恐龍種類百花齊放的侏羅紀，地球上長滿巨型裸子植物，形成一片片森林。但到了恐龍最後生存的白堊紀時代，地球演化出綻放美麗花朵的花草植物，這就是被子植物。

被子植物與裸子植物的差異

結出種子的種子植物可分成「被子植物」與「裸子植物」二種。

教科書上寫著裸子植物「胚珠外露」，被子植物則是「胚珠受子房包覆，從外表看不出來」。各位可能看不出來胚珠是否外露的重要性，對植物演化來說，「胚珠受子房包覆」具有重大意義。這項演化讓植物演化出現戲劇性的發展。

胚珠是種子的前身，種子身負植物繁衍下一代的重責大任，十分重要。簡單來說，胚珠外露代表最珍貴的生命之源處於毫無防備的狀態，很容易受到傷害。但在某個時間點，地球上出現了被子植物，將珍貴的種子包在子房裡嚴密保護著，子房的出現為後來的植物帶來革命性的轉變。

裸子植物胚珠外露，因此只要沾附花粉就能留住花粉，展開受精的準備。然而這段準備受精的時間相當長，因為裸子植物在沾附到花粉時，才刺激胚珠開始

被子植物與裸子植物的構造

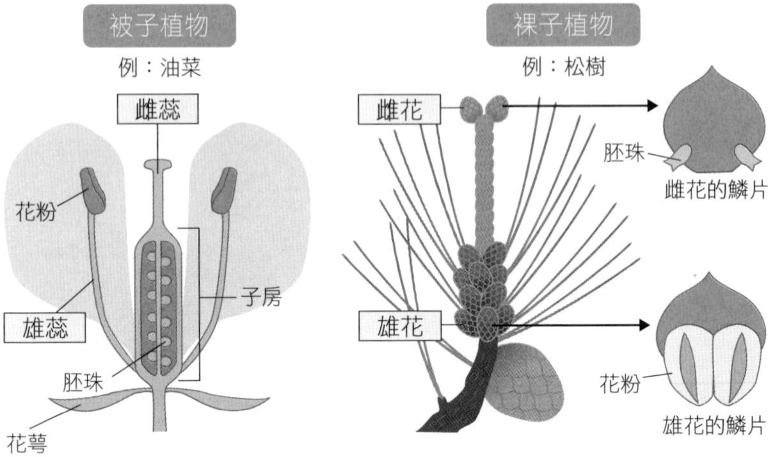

發育，直等到胚珠發育成熟，才能完成受精。被子植物就不一樣了，發育成熟的胚珠包在子房裡，花粉一到就可在子房中安全受精。出現子房的這項演化使得被子植物大幅縮短了沾附花粉到受精之間的時間。

以裸子植物松樹為例，胚珠沾附花粉到受精需要一年的時間；相較之下，被子植物只要雌蕊沾附花粉，快的只要幾個小時，慢的需要幾天就能完成受精。就像是原本走東海道從江戶到京都需要花三十天，如今搭新幹線只要兩個小時就到了，時間縮減的幅度令人驚訝。

被子植物演化出美麗的花瓣

受精時間愈快代表世代更新愈快，世代更新愈快，演化速度也愈快。恐龍時代末期，原本穩定的環境驟變，陸續發生地殼變動與氣候變遷，生物必須盡快適應環境。植物的世界進入了演化競速時代。

被子植物為了加快演化速度，一開始是演化成草，因為它沒時間慢慢長成大樹。接著，演化成被子植物綻放美麗的花朵。裸子植物屬於較古老的物種，它的花沒有花瓣，同時靠風散播花粉。而被子植物卻演化出花瓣，綻放美豔的花朵，發展為靠昆蟲傳播花粉的機制。

三角龍中毒死亡

三角龍是因為吃下新型態演化的花草植物而死的不幸動物。

被子植物靠昆蟲傳播花粉，提升受粉效率，進而加速植物演化的過程。

三角龍是為了適應被子植物快速演化而出現的動物，不過，專家也指出三角龍的演化速度不夠快，跟不上被子植物的腳步。

被子植物在世代更新的過程中，完成各種演化。為了防備被動物吃掉，體內還發展出「生物鹼」毒素。專家推估三角龍等恐龍無法消化那些毒素，最後導致死亡。

古生物學家研究白堊紀末期的恐龍化石，發現某些身體器官異常肥大，蛋殼變薄，從蛛絲馬跡中可以看出嚴重的中毒現象。一九九三年美國好萊塢推出的科幻電影《侏羅紀公園》讓恐龍在現代重生，其中有一段三角龍吃了有毒植物中毒倒下的劇情，暗示了侏羅紀時期植物體內已經發展出具有毒素。

科學家認為導致恐龍滅絕的直接原因是小行星撞擊地球，不過，被子植物的演化恐怕也是讓恐龍走上衰亡之路的推手。

植物的
演化速度
令人驚訝！

08 蘋果的蒂頭在哪裡？

橘子和蘋果的上下之分

你知道橘子哪一邊是上，哪一邊是下嗎？

擺放橘子時，我們通常會將蒂頭那一邊朝上。不過，若從植物的生長型態來思考，連接樹枝的柄是果實的底部。可以這麼說，連著柄的蒂頭是下方。

從花朵構造來看，花的底下是花萼，花萼上是子房。子房會形成果實，花萼則形成蒂頭。橘子和柿子的柄就連接著蒂頭，果實的蒂頭是花朵底下的萼片演變而來的。

來看看蘋果又是如何？若將蘋果的果柄視為下方，有一小段枝軸的那一邊就是底部。可是蘋果不像橘子或柿子有明顯的蒂頭，蘋果的蒂頭究竟在哪裡？

柿子和蘋果的剖面圖比較

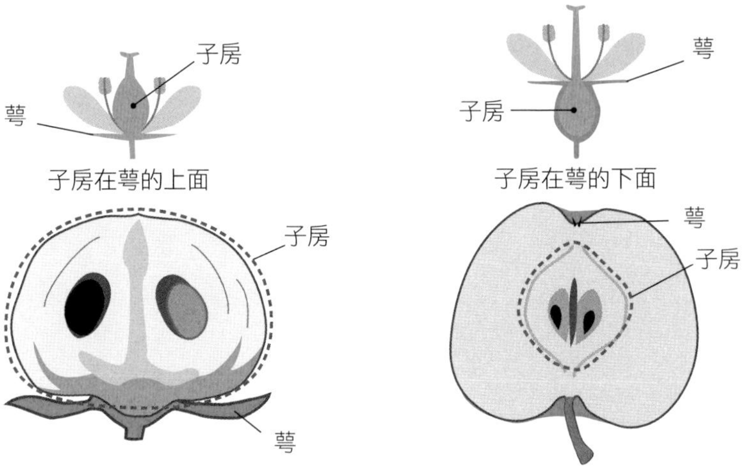

將蘋果的柄朝下放，會發現柄和果實之間沒有蒂頭。不過，若仔細觀察果實另一邊的凹陷處，可看見輕微的痕跡。這是蘋果的萼部。簡單來說，萼部在蘋果的果實上方。同樣是果實，怎麼蘋果和柿子的蒂頭長在不一樣的地方？

嚴格來說，蘋果並不是子房肥大形成的果實。蘋果的果實是由位於花朵底下包覆子房的花托，逐漸肥大形成的。

正因為不是子房肥大形成的真果，所以蘋果的果實稱為「假果」。

那麼蘋果子房形成的真果又在

哪裡？

就在我們吃完蘋果後丟棄的蘋果芯，吃剩下來的芯就是蘋果的子房演變而成的。子房原本是用來保護種子，後來演化成果實吸引動物來吃，協助散播種子。但是，讓動物吃掉原本應該保護種子的子房是有風險的，有可能連同種子一併被動物吃掉，為了避免風險，蘋果才演化出花托形成的果實給動物吃，留下沒吃掉的芯讓子房再次發揮保護種子的功能。

草莓表面布滿小點的祕密

仔細觀察草莓，會發現草莓是一種相當奇妙的果實。草莓表面有許多小點，這些小點其實就是種子。簡單來說，草莓的種子不在果實裡，而是在果實表面。

更進一步說，我們吃的紅色草莓也並不是真正的果實。

草莓的紅色果實是由花托，也就是花朵底部肥大形成的。花托可以說是托起花朵的台子，草莓的花托承載著無數小小的子房，花托部分逐漸肥大，形成我們看到的模樣。

草莓的種子長在表面

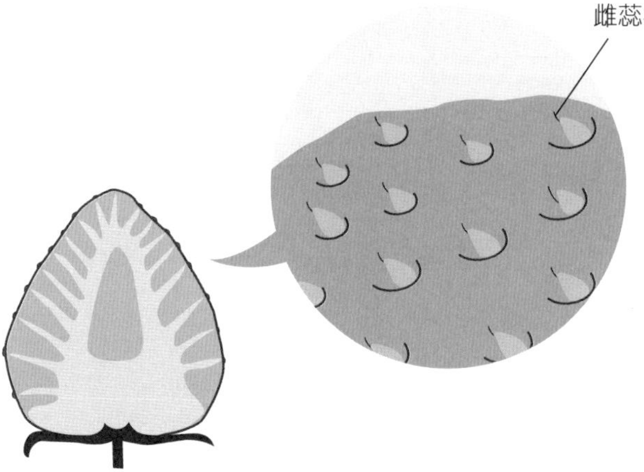

草莓表面的小點其實是真正的果實

那麼草莓真正的果實究竟是在哪裡？

剛剛提到了草莓表面的小點，實際上它才是「真正的果實」。仔細看看草莓表面，會發現小點裡有個棒狀物，這是雌蕊的痕跡。果實是由雌蕊底部的子房發展而成，因此小點本身才是草莓真正的果實。

果實為了吸引鳥類來吃，而長出豐厚的果肉。草莓的花托已經長得十分肥美，因此就沒有必要讓真正的果實肥大。於是草莓表面的果實成為瘦扁的小點，每個小點裡包著一顆種子。

一般都是果實包覆種子，草莓的種子卻是在食用部位的表面，真是有趣又奇妙啊！

蘋果與草莓是親戚

蘋果與草莓擺在一起，怎麼看就是沒有一點相同的地方，其實它們是同一科的植物，有親戚關係，這兩種水果都來自薔薇科，各位覺得訝異吧！

蘋果與草莓可說是薔薇科植物中演化程度最高的植物之一。專家研究發現薔薇科植物的果實充滿各種先進巧思，發展出複雜的果實結構，最先實現「隱藏種子，吸引動物來吃果實，幫忙散播種子」的概念，因而被認為是演化程度較高的植物。

不管怎麼說，蘋果和草莓同屬薔薇科這項事實，依舊讓人感覺不太真實。畢竟蘋果樹十分高大，草莓不過是矮小的草本植物。對植物而言，什麼是樹？什麼是草？可能沒什麼分別，對好奇的人們來說，應該想追根究柢吧！

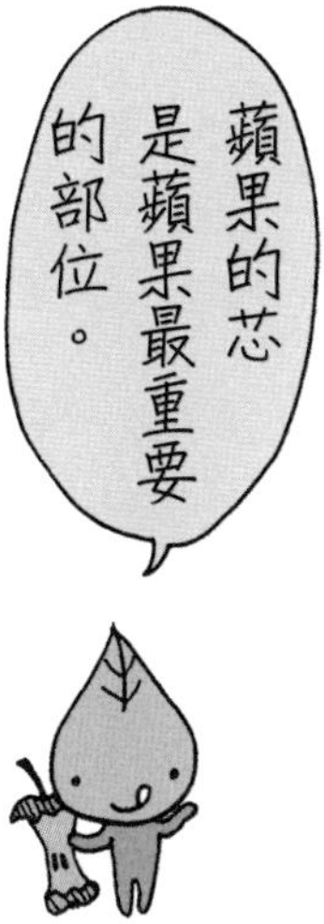
蘋果的芯
是蘋果最重要
的部位。

09 日本蒲公英對上西洋蒲公英

「被踩了還能站起來」是騙人的？

大家常說雜草的生命力很強，無論被踩幾次，還是能站起來。這個說法是真的嗎？

如果只是被踩一次、兩次，雜草當然能重新站起來。不過，如果一直被踩，可憐的雜草就會死掉。

雜草還真不是踩了會再站起來的植物。

或許有人以為雜草很堅韌，聽到我這麼說，大概會對雜草的脆弱感到失望。話說回來，為什麼雜草非得重新站起來不可？

對植物來說，最重要的事情莫過於開花，留下種子。從這一點來看，「被踩了再重新站起」是多餘的行為。被踩之後，與其花力氣重新站起來，還不如將力氣用在開花上，留下種子。

「即使被踩也要努力站起來」不過是人類的幻想。比起人類一股腦兒的推崇毅力的神聖性，植物的生存之道比較合乎實際。

蒲公英生長的地方很容易遭到人類踩踏，為了因應環境，花柄倒了，蒲公英也會開花。換句話說，蒲公英即使被踩了也不會站起來。當蒲公英被踩踏，葉子受到刺激，花柄就會橫向生長，藉此避免遭到再度踩踏的傷害。

日本蒲公英很脆弱？

日本人大概都知道，生長在日本的蒲公英大致可分為兩種，一種是從國外進來的西洋蒲公英，另一種是自古生長在日本的日本蒲公英。長久以來，西洋蒲公英的生長範圍逐漸擴大，原生的日本蒲公英反而日益式微。

這是否代表西洋蒲公英的生命力比日本蒲公英強盛？讓我們來比較一下兩者的差異。

蒲公英的分辨方法

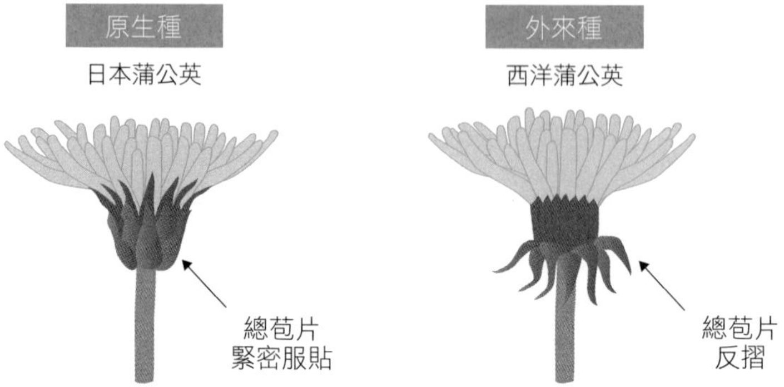

觀察總苞片，往下反摺的就是西洋蒲公英

西洋蒲公英的種子比日本蒲公英輕盈，因此可以飛得比較遠。種子較小也代表種子數量較多。

日本蒲公英屬於異花受粉植物，必須靠蜜蜂或花虻運送花粉，結出種子。前面所說的「聚在一起開花」，日本蒲公英就屬於這類型。

相較起來，西洋蒲公英擁有不需要受精便能產生種子的特殊能力，所以即使沒有沾附花粉也能結出種子。由於這個緣故，即使所處的環境沒有其他西洋蒲公英，也沒有昆蟲，還是能結出種子。

不只如此，日本蒲公英只在春

天開花，西洋蒲公英一年四季都能開花，不斷結出種子，繁殖力強大。

蒲公英的生態棲位

綜觀上述內容，感覺上西洋蒲公英似乎比日本蒲公英強盛。

但事實真是如此嗎？

日本蒲公英的種子比西洋蒲公英大，無法飛得很遠，但大種子可以生出較大的芽。這一點在和其他植物競爭時，是生存的一大利器。此外，和其他同種植物交配，可留下多樣化的後代，有利於適應變化莫測的環境。

日本蒲公英只在春天開花，開花期很短，種子被風吹走後，只留下地下的根部，地上葉片不久便枯萎。一到夏天，其他的植物繁榮盛開，身形矮小的蒲公英無法爭取照射到陽光，因此選擇不和其他植物競爭，在地底下靜待時機。

總而言之，日本蒲公英採取的生存策略，讓它適合在豐富多樣的自然環境中生長。

西洋蒲公英的種子小，競爭力不強。儘管一整年都能開花，但夏天無法戰勝其他植物。因此，它選擇在其他植物無法生長的城市道路旁開花，藉此擴大分布範圍。

西洋蒲公英愈開愈多，日本蒲公英愈來愈少見，其實是因為適合日本蒲公英生長的自然環境減少，適合西洋蒲公英生長的城市環境增加的緣故。

西洋蒲公英和日本蒲公英沒有誰強誰弱的問題，它們都選擇在適合自己的地方生長。這類棲息居所稱為「生態棲位（ecological niche）」。

即使是雜草，也不是隨處都能生長，它們謹慎的選擇適合自己的生長環境。

植物生存戰略
令人激賞！

10 雙葉細辛是知名的家徽圖騰

德川家與葵紋家徽

「還不跪下！沒看到這塊令牌嗎？」

主角從懷裡拿出印有三葉葵家徽的令牌，貪官汙吏全都下跪，五體投地——這是知名日本時代劇《水戶黃門》的經典場景。

三葉葵是將軍府德川家的家徽，在江戶時代是令人敬畏的圖騰。

三葉葵是由三片心形葉子組合而成，主圖案是馬兜鈴科的雙葉細辛（雙葉葵）。顧名思義，雙葉細辛有兩片葉子，設計時為了圖案的美觀，因此設計成三片葉子組成的圖案，取名三葉葵。

提到葵，一般人會聯想到開出美麗花朵的蜀葵或黃蜀葵等錦葵科植物。雙葉

三葉葵家徽

細辛是馬兜鈴科植物，兩者完全不同。唯一類似的是心形葉子，因此皆稱為「葵」。

相傳初代將軍德川家康很喜歡上頁的「山葵」，從名字「葵」可以得知，山葵的葉片形狀近似葵花，因此頗受家康青睞。

德川家使用三葉葵為家徽，還有一段軼聞趣事。據說德川家康的祖父松平清康前往戰場時，吃了在水邊生長的草葉做成的料理後戰勝敵軍，於是將三葉葵當成旗號使用。其實當時使用的植物是雨久花，雨久花是雨久花科植物，葉子

外形近似三葉葵的三河骨家徽

和葵花一樣呈心形，在日本稱為「水葵」。

江戶時代只有將軍才能使用葵紋

為了避諱，有些憧憬三葉葵的人便設計出圖案類似的家徽。

這款外形近似三葉葵的家徽稱為「三河骨」。河骨指的是生長在水邊的水生植物「日本萍蓬草」，是一種開出鮮黃色花朵的睡蓮科水草。

日本萍蓬草的葉子形狀為心形，便被用來作為有別於三葉葵的家徽設計圖案。

心型葉子功能性十足

仔細觀察我們的生活周遭，會發現許多長出心形葉子的植物。心形葉子是種功能性很強的葉片形態。

為了接收陽光，行光合作用，葉子面積愈大，對植物愈有利。不過，葉子如果長得太大，葉柄將無力撐住葉子。因此為了加大葉片面積同時穩固重心，增大的面積位在葉柄後方，變成心形，葉柄就能穩定重心，撐住大片葉子。簡單來說，心形可以擴大葉片面積。

不僅如此，心形葉片的基部有一個缺口，葉片上的雨水或露水可以順著葉柄落到莖的底部，發揮集水功能。

看似平凡無奇的葉片形狀，背後蘊藏著強大功能性的意義呢！

11

楓葉為什麼是紅色的？

植物的葉子是生產工廠

一到秋天，樹木的葉子會染上鮮豔的紅色或黃色。秋天的楓葉尤其迷人。問題來了，為什麼夏天是綠色的葉子，一到秋天就會變色？

這個現象其實隱藏著葉子不為人知的悲慘故事。

葉子是植物進行光合作用的重要器官，簡單來說就是生產工廠。夏季是植物葉子最忙碌的季節，工廠的能量來源是陽光，夏季是陽光最強烈的季節，葉子總會受到大量陽光的照射。光合作用是一種化學反應，溫度一高就變得很活躍。由於這個緣故，陽光強烈且高溫的夏季，植物的葉子忙著行光合作用，不斷製造糖分，如同生意興隆的工廠一樣。

不過，好景氣不會永遠持續，夏季結束後，涼爽的秋風吹起，日照一天比一天弱，白天的時間也一天比一天短。光合作用必備的陽光減少，氣溫下降，光合作用的效率也愈來愈低，糖分生產量日益衰退。

接著進入了冬季。

生產量衰退的葉子生產工廠出現了赤字，營運轉盈為虧。糖分生產量衰退，植物呼吸時還會消耗糖分，加上水分從葉片蒸發，秋冬季節的雨量減少，不僅無法行光合作用，更流失了珍貴的水分。葉片的產能受到檢討了，就像是暫時調派到其他公司工作的幹部回到總公司，沒有增進產量還消耗了總公司的資源。簡單來說，工廠已瀕臨倒閉狀態。

到了無法承受的時間點，植物決定將已經成為負擔的葉子割捨掉。葉子基部長有一個稱為「離層」的組織，這是用來隔絕水分與養分通過的細胞層，植物可以在適當時間不再提供水分與養分給葉子。

對於過去一直辛勤工作的葉子來說，「離層」這個詞彙聽起來真是無情。感覺像是人類世界的「裁員」，令人無限感慨。

遭到裁員的葉子宿命

葉子作為植物的生產工廠，擁有十分堅強的意志力。即使植物已決定不再供應水分與養分給葉子，葉子依舊靠著自身有限的水分與養分維持生命，進行光合作用。

由於葉子基部有一層厚厚的離層，因此無論它多努力進行光合作用，製造出來的糖分也無法進入植物本體，這些糖分就這樣一點一滴的儲存在葉子裡。

這些糖分會製造出紅色的花青素，這項物質可以減輕植物因缺乏水分或遭遇寒冷天氣產生的壓力。儘管這間小工廠已經被總公司捨棄，仍在缺乏水分與低溫狀態下製造糖分，拚命求生。遺憾的是，努力還是有極限的。

葉子持續進行光合作用，內含的葉綠素最後因低溫而受到破壞。葉綠素是葉子呈綠色的原因，一旦葉綠素流失，儲存在葉子裡的紅色花青素就變明顯。

大家常說日夜溫差愈大，楓葉的顏色就越紅豔。白天因光合作用儲存在葉子裡的糖分，到了晚上因為低溫的關係轉化成花青素。葉綠素也會逐漸遭到破壞。

葉子變紅的機制

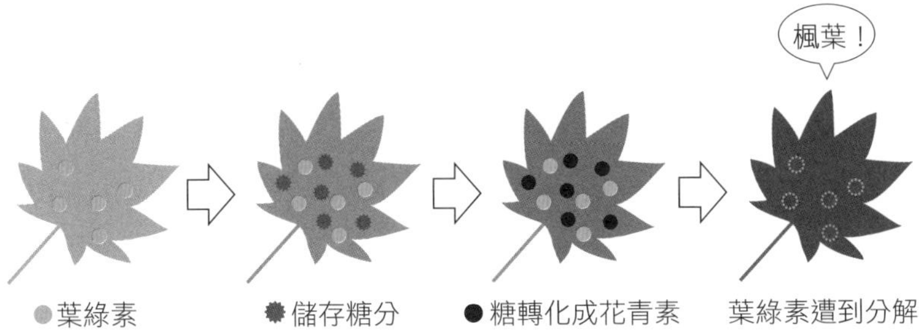

整個夏天不眠不休的努力工作，到頭來竟然被裁員！葉子生產工廠的不公平待遇愈嚴酷，楓葉的紅色就愈濃。

看到這裡，我想一定有人產生疑問，為什麼植物為了撐過缺水和禦寒危機，製造出來的物質會是紅色的？

植物開紅色與黃色的花是為了吸引昆蟲，結紅色的果實是為了吸引鳥類，那楓葉變紅又代表什麼意思呢？

楓葉的紅色沒有意義？

現代人長時間使用電腦或手機，眼睛負擔相當大，花青素是有益眼睛健康的營養成分，也成為現代人最關注的健康成分。話說回來，為什麼

植物成分花青素有助於改善人類的眼睛健康？

花青素是植物含有的天然色素。植物利用花青素，為自己增添各種顏色。例如紅色、紫色的花就是花青素形成的顏色，植物利用花朵顏色吸引昆蟲，請牠們幫忙運送花粉。不僅如此，蘋果、葡萄等紅色與紫色的果實，也是來自花青素的顏色。植物也同樣利用了果實顏色吸引鳥類，請牠們幫忙傳播種子。

植物雖然不會移動，卻有兩次活動的機會。那就是花粉與種子。植物巧妙的運用色素增添花朵與果實顏色，為自己創造移動的機會。

花朵與果實是植物的繁殖器官，呈現出來的顏色是有意義的，但有些植物的器官或組織呈現其他顏色，充滿謎團，人類還無法得知它為什麼是那個顏色。就如同剛剛說過的楓葉，楓葉也是由花青素染成紅色。

雖然我們很喜歡欣賞楓葉的紅色，欣賞紫蘇葉的紫紅色，但植物為了生存，根本沒必要在葉子上染上豔麗的顏色。葉子染成其他顏色吸引昆蟲或鳥，有什麼意義呢？同樣的，番薯皮的顏色也來自花青素，生長在土裡的番薯就算有著美麗的顏色，似乎也沒有任何意義。

花青素的作用

紅色色素

吸收紫外線
保護細胞

保護葉子
避免缺水和寒害

具有抗菌活性
抗氧化功能
避免病原菌入侵

花青素的作用

事實上，除了使植物葉子變色之外，花青素還有其他作用。

比如說，花青素可以吸收紫外線，避免紫外線傷害細胞。紫蘇葉子的花青素就是這個作用。

此外，花青素還可增加細胞滲透壓，提高細胞的保水力，預防細胞在低溫時凍結。楓葉的葉子儲存花青素就是為了避免缺水與寒害。

花青素還具有抗菌活性和抗氧化功能，可避免病原菌入侵。生長在土裡的番薯外皮含有花青素，就是這個原因。

這簡直是功能強大的好東西，花青素真是太好用了！

除了花青素之外，植物還有各種色素，不單單只是改變顏色的色素而已，還具有各種功能。

植物不會跑不能移動，為了遠離病蟲害，適應環境變化，而製造這些物質，當然植物也要付出代價。這代價就是消耗植物從根部吸收的養分，以及透過光合作用得到的糖分。養分和糖分多半使用在讓植物長大，不能用在時時刻刻製造保護自己的物質，因此植物才會製造多功能物質。這些多功能物質的抗菌活性與抗氧化功能對人類也很有效用，能在人體中發揮意想不到的作用。

12 植物的毒素吸引我們的目光

自從人類開始喝茶後……

茶是用茶樹的葉子製成的。

無論是綠茶、紅茶或烏龍茶，全都來自茶樹。茶樹是山茶科的常綠樹，葉子是深綠色，摸起來很硬，外形很接近山茶花的葉子。

茶樹是原產於中國南部的植物，現在世界各地都看得到茶樹，綠茶與紅茶更成為全球最受歡迎的飲品。

有機會到森林走走，會看到許多外形很相像的葉子，為什麼人類偏偏從眾多植物中選出茶樹來做茶呢？既然山茶花的葉子與茶樹很像，為什麼山茶花的葉子不能做茶？

茶樹的葉子、咖啡樹的種子、可可樹的種子

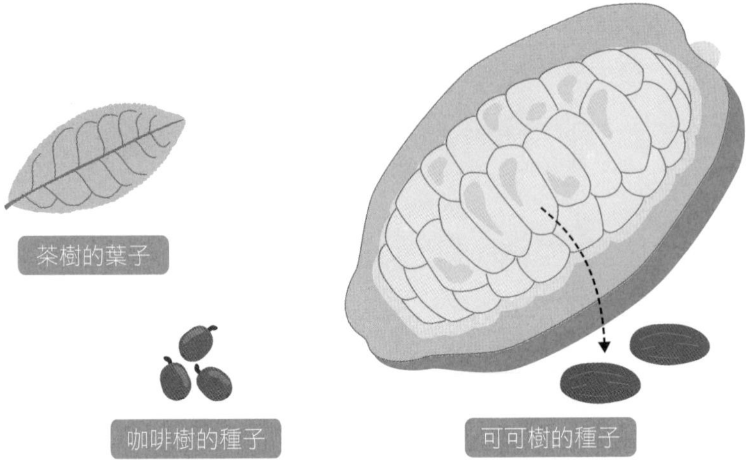

在中國的古老傳說中，有一個人叫做神農氏，他嘗遍所有植物，選出可以做成藥與可以吃的植物。當他吃到毒草時，就會吃茶葉解毒。簡單來說，在遠古傳說的時代，茶早已成為人類最早使用的藥用植物。

人人都愛咖啡因

紅茶是世界三大飲料之一，其他兩個分別是咖啡與可可。咖啡與可可也是來自植物的飲品。

咖啡是茜草科咖啡樹種子製成的飲料，可可則來自錦葵科可可樹的種子。

這三大飲料有個共通物質，那就是咖啡因。咖啡因有提神效果，可以幫助我們趕走瞌睡蟲，還能消除疲勞，提高專注力。人類從無數植物中，找出了含有咖啡因的植物。

為什麼植物含有的咖啡因對人類很好？

咖啡因是一種具有毒性物質的生物鹼，原來的作用是讓動物吃起來會嘔吐或覺得難過，是植物用來避免昆蟲與動物咬食的驅除劑。

不過，毒性很低的毒素對人類來說反而是一種藥。

咖啡因的毒性可以讓人類神經產生興奮感，保持清醒，活化身體功能。

此外，人體對毒性物質咖啡因產生反應，為了對抗毒素，於是喚醒身體的各種機能，攝取咖啡因的結果，就是讓人類身心保持活力。

咖啡因還有利尿作用。相信大家都曾經因為喝太多咖啡或紅茶勤跑廁所，其實這是人體為了排出毒性物質咖啡因產生的生理反應。

含有咖啡因的飲料不只咖啡與紅茶，與可可同樣以可可樹果實製作的巧克力也含有咖啡因。與可可樹同屬梧桐科的可樂樹，其果實就是製作可樂的原料。

這些都是最受歡迎的人氣飲料，有趣的是，植物含有的咖啡因雖然是一種毒性物質，卻成功擄獲了人類的心。

毒與藥只是一線之隔

深深吸引人類的植物有毒成分不只是咖啡因。

香菸的尼古丁原本就是存在於植物裡的毒性物質，辣椒的辣味成分辣椒素、蘭科的香莢蘭果實含有的香草精，也是人類最愛的植物毒素。此外，香草茶、辛香料與藥草內含的許多成分，都是來自植物用來保護自己的毒性物質。

毒與藥只是一線之隔，人類自古就懂得運用植物的毒性物質，幫助人類過更美好的生活。

13 松樹為何具有喜慶之意？

感受生命力的常綠樹

松樹是帶有喜慶意味的植物。

中國的歲寒三友「松竹梅」以松為首，中國繪畫中千年鶴停駐在松樹枝頭是長壽的意象。日本人過年時，家家戶戶都會在門口擺上一盆裝飾的松樹盆栽「門松」。就連日本婚禮最常唱的婚禮歌曲《高砂》，歌頌的也是松樹。由此可見，松樹是十分吉利的象徵。

為什麼松樹讓人感到吉利？

冬季是考驗生命力的季節，許多生物都在寒冷的冬季死亡。「落葉樹」為了過冬，發展出一套新的因應策略，也就是讓葉子自行掉落，防止水分大量蒸發。

相對的，葉子不會全數掉光的「常綠樹」在寒冷的冬季依舊長滿綠葉，這類植物經常讓人感受到神聖莊嚴的生命力。松樹在冷冽寒冬中，依舊保有翠綠的顏色，讓人感覺欣欣向榮，因而將松樹視為不老長壽的象徵。

人類總無法抗拒在冬天依舊蔥綠的常綠樹，像是常綠喬木紅淡比，日本稱之為「榊」，意思是神之木，是神社中用來製作成獻給神表示敬意用的「玉串（或稱球串）」的神聖植物；日本寺廟的墓園通常種植日本莽草「樒」，它是常綠喬木；還有，日本人在節分時裝飾的柊樹也是常綠樹；再看看西方世界，基督教徒過聖誕節時，常在家中裝飾聖誕樹，歐洲冬青和銀冷杉是最常見的聖誕樹種，被基督教視為聖樹，也都是常綠樹。雖說常綠樹是比較古老的樹種，但它也下了很大的工夫做出了禦寒的演化。

常綠樹的種類

常綠樹大致分成兩種。

一種是裸子植物的常綠樹。裸子植物眼看著被子植物在演化中誕生，接著被子植物的生存優勢不斷的擴大棲地，逐漸佔領了氣候溫和的地區，裸子植物迫不得已，只好退守到極寒地區，在適應寒冷氣候的過程中，為了避免葉片蒸發過多的水分，而發展出細長像針狀的葉子，這類植物稱為針葉樹。

松樹就是屬於針葉樹。事實上，裸子植物中針葉樹佔了大部分，包括日本柳杉、日本扁柏、日本冷杉等。不過，當葉子像松葉那麼細，照射太陽進行光合作用的效率就會變差。

另一種則是常綠性闊葉樹。演化程度較高的被子植物有一個特徵，那就是葉子較寬闊，稱為闊葉樹。冬天會掉葉子的新型闊葉樹稱為「落葉性闊葉樹」，另一種冬季不落葉的闊葉樹稱為「常綠性闊葉樹」。在冬季嚴寒的地區中，常綠性闊葉樹的葉子表面會覆蓋一層蠟，避免葉片水分蒸發。這一層蠟讓葉片看起來帶有光澤，因此又稱為「照葉樹」。

嚴格來說，常綠性闊葉樹多生長在溫帶地區，在酷寒的寒帶地區便很難發現它們的身影，會掉葉子的落葉樹還是比較有能耐在寒冷地區生存。

總體說來，針葉樹比落葉樹更適合在寒冷地區生長，例如日本北海道有許

針葉樹的葉子和常綠闊葉樹的葉子

針葉樹的葉子

例：松樹

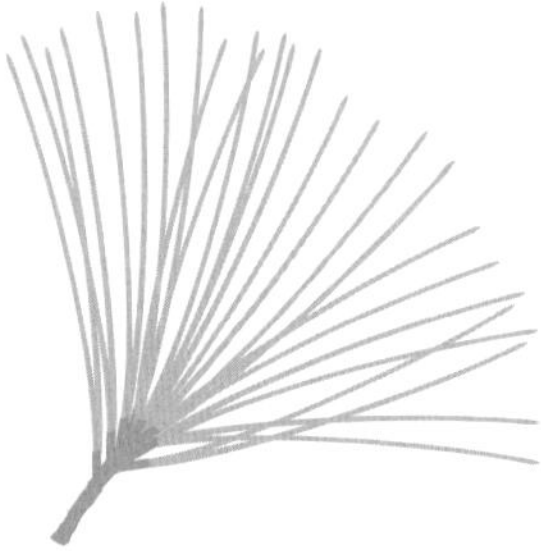

常綠闊葉樹的葉子

例：山茶花

多魚鱗雲杉、庫頁冷杉等針葉林。稱為「泰卡林」（Taiga）的北方針葉林，是地球陸地上最大的針葉林帶，廣泛分布在歐亞大陸與北美大陸的高緯度地區，氣候不僅乾燥，全年溫度界在攝氏零下四十度到零下二十度之間，夏季平均溫度在攝氏十度左右。為什麼常綠的針葉樹比落葉樹更適合在寒冷地區生長？

為什麼眼看著被子植物步步進逼，針葉樹卻老神在在，不被落葉樹取代？

針葉樹的假導管

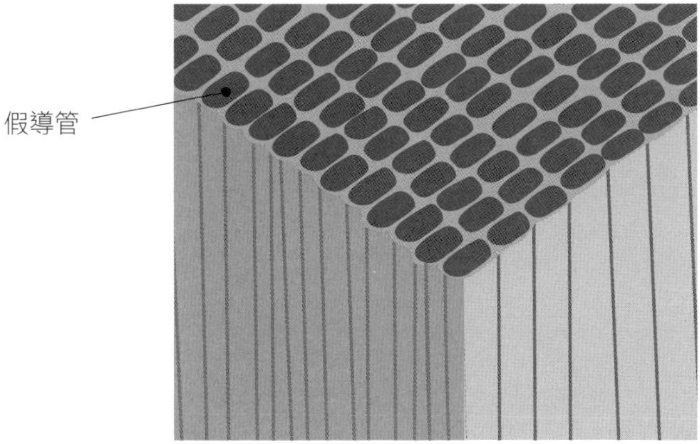

靠著過時的生存系統延續生命

在演化程度上，針葉樹屬於過時的樹種，原以為這是缺點，沒想到反而成為優勢。

演化程度較高的被子植物，莖部有一個負責輸水的中空導管，可以大量輸送從根部吸收的水分。反觀屬於裸子植物的針葉樹，導管組織並不發達，而是透過細胞與細胞之間的小洞，將水依序運送至各個細胞之中。裸子植物的輸水系統稱為「假導管」，簡單來說，是導管演化出來之前的組織。

導管可將水分大量運送上去，相較之下，假導管的輸水效率不佳，但卻有一個導管比不上的優勢。

水在導管中形成水柱，葉片表面因蒸散作用流失了多少水分，就能透過導管補充相對應的水分。不過，一旦導管中的水分凍結，融冰時產生的氣泡會使水柱出現空洞，產生斷點，這時便無法順利將水輸送到葉片。假導管就不一樣了，假導管輸送水分就像古代的救火方式，一群人排成一行，將水桶從一端接力運送到另一端，確實將水運送到每個細胞之中。這樣一來，即使是水會凍結的季節也能順利汲水，輸送水分，這就是針葉樹耐寒的本事。

裸子植物在恐龍時代稱霸地球，卻被後來演化的被子植物佔領棲地。還好它善用耐寒的優勢，以針葉樹的型態在極寒之地延續生命。

松樹在雪地也能保持蔥鬱的綠葉，可見古董不代表不好。多虧自古流傳下來的輸水系統，讓松樹成為人見人愛的喜慶象徵。

Part2

有趣到睡不著的植物學

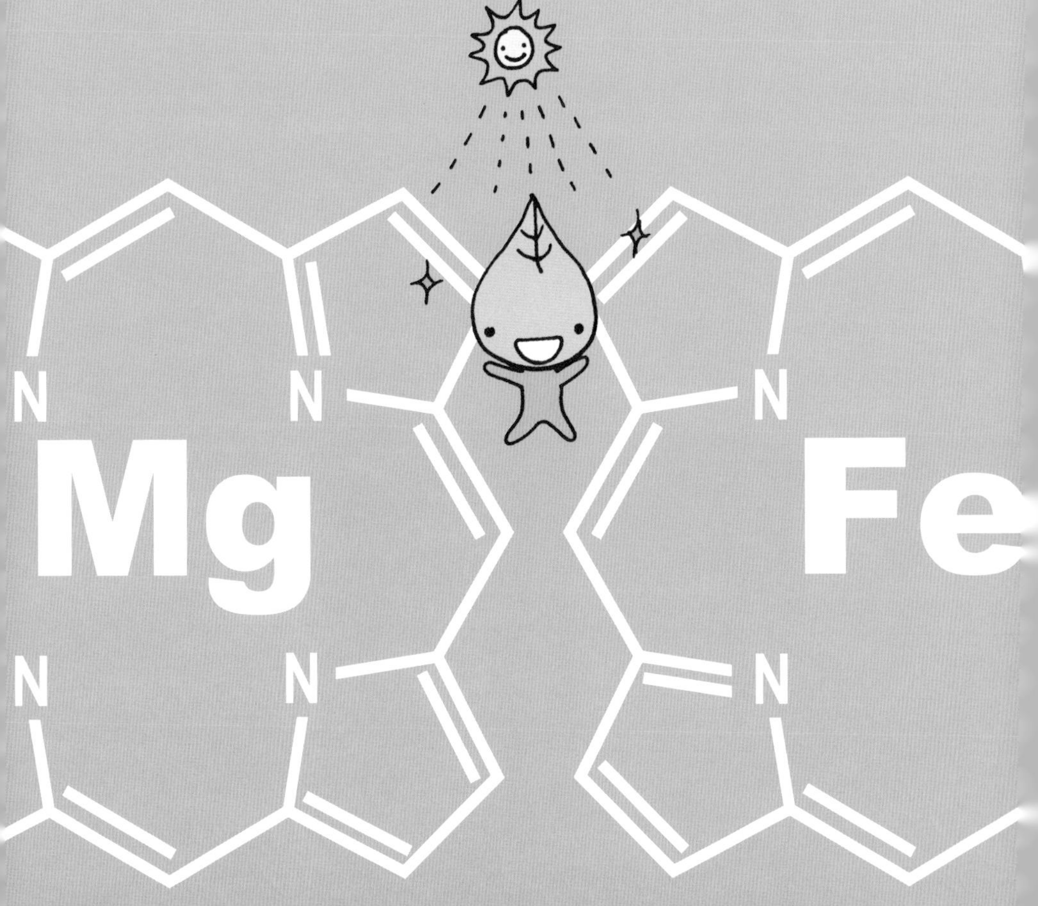

01 就是不發芽……

培育雜草很困難

各位種過雜草嗎？

答案肯定是沒有。雜草都是自然生長的，哪有人刻意種植培育？不過，如果有機會種雜草，各位一定會發現難度相當高。

最大的困難在於，撒了種子也不發芽。

小學上自然課的時候，相信每個人都學過「水分」、「溫度」、「空氣」是植物發芽的必要條件。不過，即使三大要件齊備，不只是雜草，許多野生植物的種子依舊不發芽。

讓我舉個例子來說明，假設現在有一種植物是在天氣漸暖的春季發芽，在夏季成長，在秋天留下種子。這植物的種子一到秋天就掉落在地上，結果將會如何呢？日文有個詞叫「小春日和」，意思是秋天也有如春日溫暖的日子。如果這時候齊備了「水分」、「溫度」與「空氣」三大要件，結果就是植物會在秋天發芽，而且不久之後，就會在冷冽的冬季枯死、凍死。

野生植物和人類撒種的栽培植物不同，它必須自己決定發芽的時間，因此植物發芽的條件變得愈來愈複雜。

種子的「休眠」戰略

即使發芽的三大要件齊備，種子也不發芽，這個狀態稱為「休眠」。休眠的意思就是「休息」、「睡眠」，日文以「休眠會社」、「休眠口座」來形容不活動的公司和不使用的銀行帳號，「休眠」在日本人的眼中並非正面詞彙。不過，「休眠」卻是植物很重要的生存戰略。

許多春天發芽的植物都內建甦醒機制，只要捱過寒冷的冬天，就能從休眠中醒過來。因為它們知道寒冷過後就是溫暖的日子，春天就會真正降臨。即使如此，還是有些種子後知後覺，到了春天也不發芽。

無論發芽條件多齊備，野生植物不會同時發芽。從休眠狀態甦醒的程度因種子而異，有的會發芽，有的不會發芽。

任何人都無法預測自然界會發生什麼事。

假使所有種子一起發芽，遇到天然災害會有什麼結果？結果就是所有植物一起滅亡。為了避免這個問題，有些種子早發芽，有些種子晚發芽，有些種子不發芽，繼續在地底沉睡，建立了一個族群維持基本生存機率的機制。

土壤裡的種子銀行

就像我剛剛說的，土壤裡有許多不發芽、繼續休眠的種子。這些位於土壤裡的種子集團稱為「種子銀行」，儲存著各式各樣的生命之源。野生植物為了以防萬一，將種子儲存在土壤裡。接著看準時機，讓種子陸續發芽。

大多數雜草種子屬於「好光性種子」，經陽光照射就會發芽。

埋在土裡的種子陽光照射不到，除非人類除草，清除土壤四周的植物，在沒有其他植物遮蔽陽光的情形下，土中的雜草種子才會發芽。

這就是為什麼每次除草除得很乾淨，一眨眼雜草就會發芽，沒多久滿園子都是雜草的原因。

02 竹子是樹還是草？

哈密瓜和香蕉都是蔬菜？

番茄是蔬菜還是水果？

這個問題並不單純。由於番茄常用來做沙拉，因此一般人會以為番茄是蔬菜，但在日本又有「水果番茄」的番茄分類。

過去美國也曾為了番茄是蔬菜還是水果爭論不休，甚至還打官司正名。根據法院判決，「植物學辭典認為番茄是包含種子的果實，從植物學來說，番茄是水果。但番茄長在菜園裡，與其他蔬菜一起煮湯，因此就法律觀點來看，番茄屬於蔬菜」。

說真的，「蔬菜」和「水果」不是植物學分類，而是人類自己的判斷。而且，各國對於蔬菜和水果的定義也不一樣。

日本將草本植物視為蔬菜，木本植物視為水果。簡單來說，不會長成樹的是蔬菜，長成樹而且結出果實的是水果。番茄是草本植物，因此在日本被當成蔬菜看待。

如果依照這個標準，哈密瓜和西瓜又怎麼說？哈密瓜和西瓜是草本植物，屬於蔬菜。哈密瓜素有「水果之王」的美譽，是水果百匯常用的水果，但在定義上屬於蔬菜。無論是哈密瓜或西瓜都被放在超市水果區販售，因此大家也叫它們「果實類蔬菜」。

那麼，香蕉呢？各位可能覺得香蕉一定是水果。

而且大家習慣說香蕉樹，因為香蕉是長在樹上的。事實上，那不是「樹」，而是長得很高大的「草」。香蕉樹是從地上長出來的巨大葉子，高大的像一棵樹罷了。這麼說，香蕉是蔬菜囉？

根據日本農林水產省的定義，「一年生草本植物採收的果實」是蔬菜；「多年生作物採收的果實」是水果。香蕉是草本植物，但屬於多年生，因此是水果。

樹與草難以區別

話說為什麼香蕉樹不是「樹」，而是「草」？

樹與草究竟有何不同？大家都知道樹與草截然不同，但其中的差異無法用三言兩語說清。

一般來說，莖部木質化、粗大變硬的植物稱為樹。相反的，莖部柔軟、沒有木質化現象的植物就是草。可是，如果仔細觀察番茄和茄子植株的基部，會發現木質化現象看起來就跟樹一樣。而且現在種植的番茄大多採用化學肥料，在溫暖的溫室中培育，樹體變得很高大。日本的茄子植株雖然一到冬季就會枯死，但在熱帶地方栽種的茄子植株不會枯死，長得也跟大樹一樣。

那麼，竹子呢？竹子的莖部不粗，也沒有木質化現象；不過，竹子的莖部會變硬，長大則形成竹林，這些特徵比較接近樹，不是草。因此，專家對於竹子是樹還是草，至今仍然沒有定論。

總而言之，在植物的世界裡，沒有明確的「樹」、「草」之分，這些分類規則純粹是人類自己制定出來的。

自然界沒有區別之心

追根究柢，自然界對萬事萬物都沒有明確區別，對人類來說，無分別便無法理解大自然，因而才制定了各種區分方式，將萬事萬物分門別類，藉此了解自己所處的環境。就像富士山幅員遼闊，但富士山的界線到底在哪裡？人類以畫出等高線、劃定縣境，進行分類整理界定出「富士山」來。植物學將植物做了許多分類，但這些做法都跟人類在大地畫上等高線或劃定縣境一樣，純粹是為了人類理解而做的事情。

我在四八頁中，介紹了同屬薔薇科的蘋果和草莓，蘋果是木本植物，草莓是草本植物。以日本人的觀點來看，蘋果是水果，草本植物的草莓是蔬菜。對植物來說，是樹是草都不是問題，這些都是為了適應環境演化出來的結果。

植物的生存方式比人類所想的更靈活、更自由。

03

如何畫出逼真的紅蘿蔔？

紅蘿蔔的橫線

各位會畫白蘿蔔與紅蘿蔔嗎？

如果不上色，兩者其實長得很像。

如果在白蘿蔔上畫幾條橫線，畫好後就像紅蘿蔔了！

仔細觀察紅蘿蔔，會發現表面有好幾條橫紋，這是鬚根生長的痕跡。不過，鬚根的痕跡可不是隨便長的，而是以橫向排列長的。

白蘿蔔身上就沒有橫紋，卻有縱向排列的小點，和紅蘿蔔一樣是鬚根的痕跡，只不過不是線狀排列，而是一顆顆呈兩列的點狀排列。

白蘿蔔與紅蘿蔔

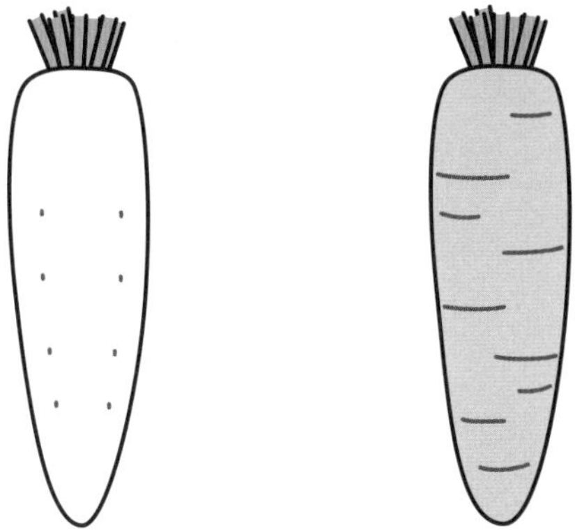

從剖面來看「形成層」

觀察紅蘿蔔的橫剖面，會看見和樹木年輪一樣的同心圓，分成內側的芯與外側兩個部分，內外兩側的界線就是形成層。

形成層內側的芯是木質部，裡面有一個導管，用來運送從根部吸收的水分。形成層外側稱為韌皮部，包含用來運送養分的篩管。導管與篩管結合起來稱為維管束。紅蘿蔔的維管束沿著形成層依序排列。

若把紅蘿蔔豎著切開，呈現縱向切面，會看到鬚根由橫紋向內延伸，

直向切開紅蘿蔔觀察根的構造

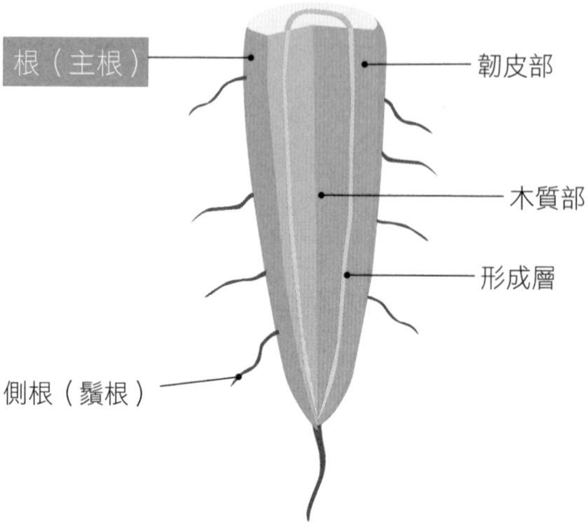

連結到木質部與韌皮部的界線，也就是形成層。由此可見，從根部吸收水分的過程，是從鬚根在土壤裡汲取的水分運送到形成層，再從木質部輸往其他地方。

同樣的，將白蘿蔔橫切成圓片，卻看不到和紅蘿蔔一樣的同心圓，難道白蘿蔔沒有形成層嗎？紅蘿蔔肥大的部分主要是形成層的外側，但白蘿蔔肥大的部分是形成層的內側。因此，白蘿蔔的形成層很接近外皮，看起來不明顯。

形成層是雙子葉植物的特徵。

雙子葉植物與單子葉植物維管束的差異

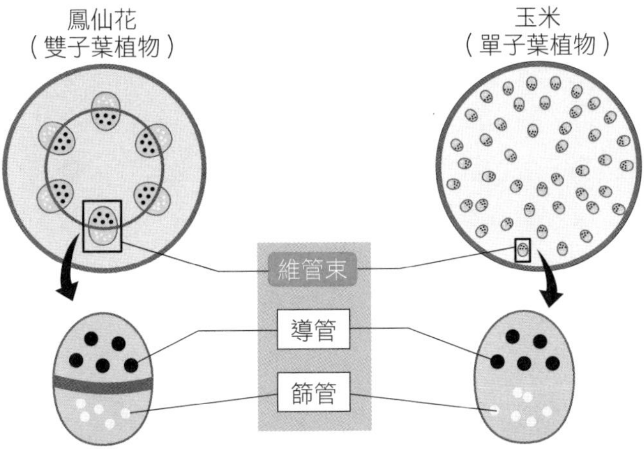

雙子葉植物的維管束呈規則狀排列。
單子葉植物的維管束呈不規則狀排列。

蘆筍沒有形成層

單子葉植物沒有形成層。

蘆筍是單子葉植物，切開蘆筍觀察剖面，會發現裡面有許多圓點。這一顆顆圓點是包含木質部與韌皮部的維管束。單子葉植物的維管束呈不規則狀排列，四處散布，因而沒有像雙子葉植物管束規則排列後形成的形成層，沒有形成層是單子葉植物的重要特徵。

04 先有樹還是先有草？

巨型化的植物和恐龍

這個世界上既有參天大樹，也有生長在路邊的小雜草，在演化過程中，「樹」和「草」究竟何者較先進？

樹有樹幹又長滿樹葉，各位可能認為樹的構造複雜，演化程度較高。事實上，草的演化程度比樹高。

各位如果看過恐龍電影，一定會看到由巨型植物形成的森林。那個時代的植物長得真的很高大。在恐龍繁榮的時代，地球氣候溫暖，光合作用需要的二氧化碳濃度也很高，植物欣欣向榮，愈長愈大、愈長愈高。恐龍為了吃到大樹上的葉子，體型也愈來愈高大。於是乎，植物為了保護自己，避免成為恐龍的食物，進而朝巨型化演化。恐龍為了吃到更高大的植物，演化成長得更加高大的體型，就連脖子也變長了。植物和恐龍就是這樣互相競爭，彼此爭相長高長大。這就是我在前面介紹過的共同演化。

高大的植物是由微小的苔蘚植物演化成的高大羊齒植物（蕨類），又演化出裸子植物、被子植物，這些植物都形成了巨樹森林。

「草」的誕生

草本植物，也就是大家熟知的「草」，誕生於恐龍時代尾聲的白堊紀後期。當時地球上原有的一大塊陸地，受到地底岩漿對流影響而分裂，開始移動。分裂的大陸板塊互相碰撞擠壓，造成歪斜隆起的地貌，形成山脈。地殼變動也引起了氣候變遷。

當環境驟變，植物自然沒有時間慢慢長成大樹。

簡單來說，植物必須在短時間內長大、開花，留下種子，加快世代更新的速度。「草」便在這樣的情形下迅速發展。

現在稱為「單子葉植物」的植物率先產生革命性演化，演化出草的型態；後來雙子葉植物也出現了草。

如今單子葉植物幾乎都是草本，雙子葉植物則包含木本和草本。

專家到現在還不清楚單子葉植物經歷了怎樣的演化過程，但可以確定的是，單子葉植物具備快速演化和功能性，可以適應環境的變化。

根據自然課教科書的內容，單子葉植物和雙子葉植物的差異就如同各自的名稱，雙子葉植物的子葉有兩片，單子葉植物的子葉有一片。另一項差異則是，橫向剖開雙子葉植物的莖部有一圈由導管和篩管所組成的形成層，單子葉植物則沒有形成層。

重視生長速度的單子葉植物

光看這一點，可能有人會覺得構造單純的單子葉植物比較古老，構造發達的雙子葉植物較先進，其實並不是這樣。

單子葉植物原本也是有兩片子葉，只是後來黏在一起，變成一片。在演化的過程中，單子葉植物重視生長速度，因而放棄了需要花時間成長的構造，例如形成層就是其中之一。植物體型變大、莖部變硬，就必須具備形成層這類紮實的構造，但形成層需要時間長成，於是單子葉植物放棄形成層，長成矮小不高大的草本模樣，同時莖部採直線構造，盡可能不分枝。其他像是平行葉脈，鬚根系等特徵，也都是為了快速生長的組織結構。

各位一定看過奧運比賽的田徑選手和游泳健將，他們的身材十分精實，想盡辦法減掉多餘贅肉，比賽時穿上最輕盈的運動服，就連體毛也刮得一乾二淨，不增加任何重量。同樣的，單子葉植物為了達到快速生長的目標，也想盡辦法去除多餘累贅。

05 蘿蔔腿其實是讚美詞？

白蘿蔔原本很細長？

如果有人說你有蘿蔔腿，相信沒有人會感到開心。

蘿蔔腿在現代指的是很粗的小腿。

不過，在日本的平安時代「蘿蔔腿」其實是形容美腿的讚美之詞。因為當時的白蘿蔔不像現在又粗又大，所以蘿蔔腿形容的是細長白嫩的小腿。再往前回溯到日本最早的史書《古事記》，書中記載著「宛如白蘿蔔的白皙手臂」，由此可以推斷，白蘿蔔原本是很細的。

隨著農業改良技術的進步，人類改良出又粗又大的白蘿蔔，江戶時代以後，「蘿蔔腿」才變成形容粗壯小腿的詞彙。不僅如此，日本還改良出重達數十公斤、世界第一大的「櫻島白蘿蔔」，以及長度超過一公尺、全世界最長的「守口白蘿蔔」。

白蘿蔔的原產地是在地中海沿岸到中亞大陸一帶，白蘿蔔原生種的根部一點也不粗。如今在歐洲提到白蘿蔔，指的就是「二十日大根」這類小巧的櫻桃蘿蔔品種。

人類不斷改良野生植物，培育出適合人工種植的植物。白蘿蔔經過人們改良後成了圓圓胖胖的模樣。我們現在吃的農作物、蔬菜和水果，都是經過各種研發改良的。

各位知道人類是如何改良野生植物的嗎？

野生植物與自然淘汰

野生植物會想盡辦法留下各式各樣特徵的後代子孫，擁有不同特質的種子在多變環境中，較容易生存下來。

早發芽、晚發芽、根部往地底生長、根部往旁邊生長、早開花、晚開花、耐寒、耐熱、抗病原菌、抗病毒、耐旱、耐潮濕……擁有愈多特質的植物，愈容易在大自然中生存。

當環境變得寒冷，只有耐寒植物可以生存，那麼就只有耐寒植物可以繁殖出自己的後代。原本就耐寒的植物，也會留下具豐富多樣性的子子孫孫，例如特別耐寒或不耐寒卻耐熱等。若嚴寒環境繼續維持下去，只會留下耐寒性較高的植物，於是植物便發展出愈來愈耐寒的特質。一旦出現「唯有耐寒者可以活下來」的選項壓力，生命就會發展出相對應的適應能力。唯有條件符合者可以倖存，不適合者就會遭到淘汰，這就是所謂的「自然淘汰」。

以上所說的都是自然界的自然發展，如果是人類栽種的植物，演進的方式會有什麼不同呢？

栽培植物由人類淘汰

白蘿蔔也是植物，會留下各種後代，包括大的白蘿蔔、小的白蘿蔔、長的白蘿蔔、短的白蘿蔔等，展現各種特徵的白蘿蔔。

想要大蘿蔔的人就選出大蘿蔔，留下它的種子。隔年再從長出來的大蘿蔔中，選出體型更大的白蘿蔔。依照某個標準來選擇，就能慢慢培育出愈長愈大的白蘿蔔。這跟適應寒冷環境，選出耐寒植物的道理相同。像這類根據人類喜好淘汰的做法，稱為「人為淘汰」。

在自然狀態下植物留下多樣化後代，展現豐富特徵的方式，卻不受到人工栽種歡迎。假設我想種大蘿蔔，也撒了大蘿蔔的種子，卻種出小蘿蔔、長蘿蔔，這結果實在很令人失望。如果又遇上發芽時間不同，很可能無法同時採收，這又是個讓人困擾的結果。野生植物重視的是「多樣性」，栽培植物追求的是「一致性」。由於這個緣故，就算能採收自己想要的植物，仍必須不斷淘汰，獲得穩定的品質。這個過程稱為「固定」。透過「選拔」與「固定」，植物品種便能一代一代的改良成為人們所想要的特質。

06 植物不動的原因

植物無須覓食

植物不像人類會走會跳，四處奔波。為什麼植物不會動？

如果你問植物：「你為什麼不動？」相信植物一定會這麼回答：「為什麼人類要動才能活？」

動物不動就無法存活，因為動物必須覓食，四處找食物吃，填飽肚子，但植物不需要四處移動覓食，所以不會動。

人類都是從自己的角度看待其他生物，可是，人類的生存方式不是理所當然的道理。說不定看在其他生物眼裡，人類的生存方式十分怪異。

話說回來，植物的生存方式真的很奇特。

為什麼植物不用像動物那樣到處覓食，不吃東西也能活？原因就在於「光合作用」。植物利用太陽光的能量，利用水與二氧化碳製造出生存所需要的糖分，這就是光合作用。

植物只要行光合作用，從土壤吸收水分和礦物質，就能製造出生存所需的所有物質。這就是植物被稱為「自營生物」的原因。而動物無法自行製造養分，必須吃植物或其他動物才能存活，由於這個緣故，動物稱為「異營生物」。

三十八億年前，地球剛出現生命時，植物與動物基本的生存機制沒有太大差異，因為它／牠們都是從同樣的祖先演化而來的。

神奇的葉綠體

植物與動物的最大差異就是植物細胞內有葉綠體，葉綠體是光合作用的重要物質，但動物細胞沒有。既然葉綠體是植物與動物的最大差異，那麼，葉綠體又是怎麼來的？

葉綠體有一個神奇的特性：一般細胞核裡都具有ＤＮＡ，葉綠體的ＤＮＡ與

細胞共生體學說

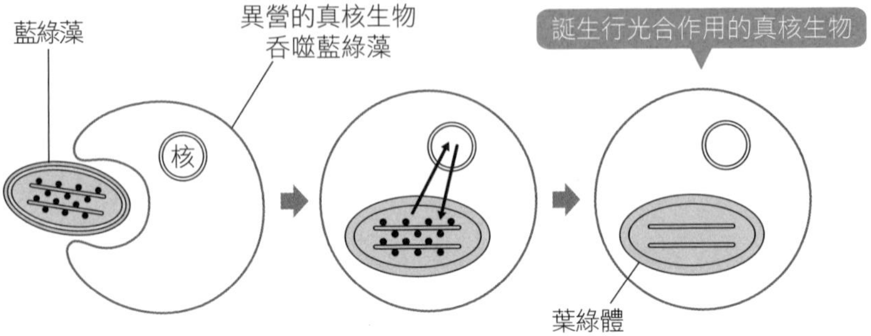

真核生物吞噬藍綠藻，建立共生關係。

細胞核裡的不同，會自行增生，這個特性讓科學家認為在很久很久以前葉綠體是獨立的單細胞生物，後來被更大的單細胞生物吞噬，在細胞中共生。這就是現在盛行的「共生體學說」。也就是說，大型單細胞生物與行光合作用的單細胞生物相遇，誕生出植物的祖先。

因為有葉綠體
才能行光合作用。

07 植物為什麼是綠色的？

葉綠體與葉綠素

我們都知道植物是綠色的。但這是為什麼呢？

植物葉片中有葉綠體，葉綠體中充滿綠色色素。這些滿滿的綠色色素使葉片看起來是綠色的，葉綠體中的綠色色素稱為葉綠素。

葉綠素的英文是「chlorophyll」。chlorophyll是一個合成詞，由代表綠色的希臘文「chlōros」和代表葉子的「phyllon」組合而成。

葉綠素是植物十分重要的物質。

植物利用水和二氧化碳，以及陽光製造出生存所需的糖分。這個過程稱為「光合作用」。葉綠素是行光合作用的關鍵物質。

一下子是「葉綠體」，一下子又是「葉綠素」，感覺有些難以辨別。簡單來說，葉綠素是存在葉綠體裡的色素。若將葉綠體比喻成光合作用工廠，葉綠素是實際進行光合作用的機器。

進一步來說，為什麼葉綠素是綠色的？

陽光與光合作用

陽光是由各種顏色的光組合而成。葉綠素主要使用波長較短的藍色光和波長較長的紅色光、黃色光，進行光合作用。這些顏色的光會被葉綠素吸收，波長不長不短的綠色光在光合作用中用不著，因此不被葉綠素吸收，直接反射出來。

人類看到紅色是因為紅色光線進入眼睛。也就是說當紅色以外光線都被吸收，只有紅色光線反射出來，我們就會看到紅色。說得更簡單一點，反射紅色光線的物體是紅色的。

葉綠素吸收藍色、紅色與黃色光線行光合作用，反射綠色光線，所以我們看到的葉子是綠色的。

不過，有些葉子不是綠色的，例如紅紫蘇與紫色高麗菜的葉子。這些植物不只有葉綠素，還有其他色素，這些色素遮掩住了綠色，我們才會看到其他顏色的葉子。

浮游植物與紅色海藻

並不是所有植物都是綠色的，有些植物不是綠色的。海藻沙拉放了各式各樣、不同顏色的海藻，其中還包括鮮紅色的海藻，這些海藻體內有沒有葉綠素呢？如果有，為什麼會呈現不同的顏色呢？

生存在淺海區域的海藻，和陸上植物一樣使用紅色光與藍色光行光合作用，不用綠色光，因此這些海藻是綠色的，稱為「綠藻類」。

在深海中就不一樣了，海水會吸收紅色光。棲息在深海的生物，例如鯛魚和蝦子，體表帶有鮮豔的紅色，這是由於紅色光無法照射到深海，物體也就不會反射紅色光，在深海中便看不見紅色，因此「紅色生物」在深海中看起來會是黑的，能夠實現隱身術。深海海底的海藻無法使用紅色光行光合作用，主要吸收藍色光，因此沒用到的紅色光與綠色光反射出來，並且混雜在一起，使海藻看起來是褐色的。由於這個緣故，這些深海海藻被稱為「褐藻類」。

海面上漂浮著數量眾多的浮游植物，像個超大型的遮蓋擋住陽光的照射，其中藍色光被浮游植物吸收。在海面下生長的海藻在不得已的狀況下，只好將不適用的綠色光拿來行光合作用，使用綠色光，反射紅色光，這時當我們從陸地往海裡看，就會看到亮紅色的海藻。這些海藻取名為「紅藻類」。

科學家認為，原本長在淺灘的綠藻類，在地球陸地隆起、淺灘乾涸的過程中，逐漸往陸地生長，為了適應環境，才演化出陸上植物。這就是我們看到大多數植物是綠色的原因。

08 植物是什麼血型？

植物是什麼血型？

植物跟人類和動物一樣有血液嗎？

如果不小心割傷手會流血，但切開植物並不會滴血，因此植物沒有血液。雖然植物不具有血液，卻擁有和人類血液構造相似的葉綠素。葉綠素和血紅素的基本構造相似，不同的地方在於葉綠素結構的中間是鎂、血紅素則是鐵。葉綠素和血紅素結構相似其實只是偶然。植物和動物的外型和組織構造天差地遠，卻擁有相似的構造物質，指出了生命的運作大同小異，生命的神奇和奧妙也在此顯現。

人類有血型之分，是由血液中的糖蛋白種類決定的。植物呢？專家發現大

葉綠素與血紅素十分相近

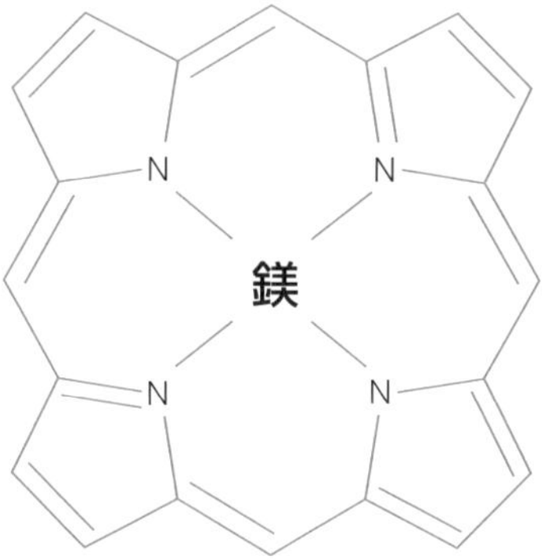

葉綠素

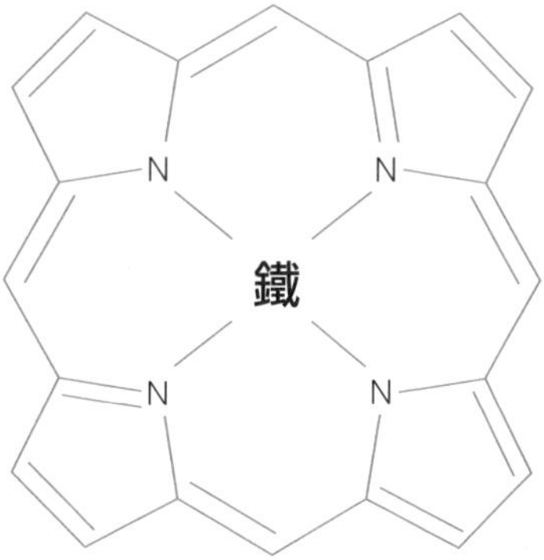

血紅素

約有一成的植物中含有與人類血液中相似的糖蛋白，若是以糖蛋白來檢測植物的「血型」，專家發現以O型和AB型居多，比如說，白蘿蔔和高麗菜是O型、蕎麥則是AB型。

與根瘤菌的共生關係

豆科植物含有的豆科血紅素和人類血液中的血紅素十分相近。

挖出豆科植物的根部會看到許多小小的圓球形的瘤，稱為「根瘤」。根瘤中有根瘤菌，豆科植物利用根瘤菌吸收空氣中的氮，轉化為植物蛋白質，即使在氮素濃度較低

豆科植物的根瘤

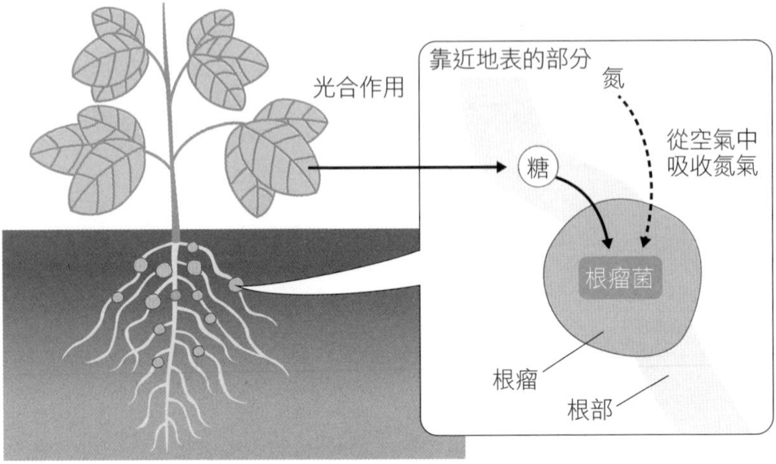

豆科植物的根瘤可以固定空氣中的氮氣。

的土壤中依然能生長旺盛。

豆科植物不僅讓根瘤菌進住，還供給它養分，相對的，根瘤菌可以固定空氣中的氮，回饋養分給植物。簡單來說，豆科植物與根瘤菌建立了「共生」關係。

豆科植物的戰略

在豆科植物和根瘤菌演化出共生的機制前，還有一個重大的問題需要解決。

根瘤菌為了固定空氣中的氮氣需要耗費極大的能量，在這過程中，必須進行有氧呼吸，也就是說根瘤菌需要氧氣，可是，固定氮氣使用的酵素，一旦接觸氧氣就會失去活性。

根瘤菌固定氮氣需要氧氣，但有了氧氣就又無法固定氮氣。為了解決這兩難的問題，豆科植物演化出「豆科血紅素」，就像人類血液中的血紅素一樣，能有效率的將氧氣從肺部運送至身體各處，豆科血紅素也善於運送氧氣，為根瘤菌帶來氧氣，而且以最快的速度帶走多餘氧氣。豆科血紅素就是以高效率搬運氧氣的祕密武器。

切開豆科植物的新鮮根瘤，會看到如滲血般的紅色，這就是豆科植物的「血液」：豆科血紅素。

09

日本橄欖球隊的櫻花制服是什麼櫻花？

日本山櫻與染井吉野櫻

日本橄欖球國家代表隊的制服是「櫻花運動服」。不過，使用的櫻花圖案和我們熟悉的櫻花不太一樣。

各位如果看過盛開的櫻花，一定會發現開花時間早於長葉子的時候。也就是說，花謝了才長葉子。但櫻花制服使用的圖案，是櫻花盛開在枝頭，樹枝上有葉子。同樣的圖案也發生在日本人常玩的花牌，花牌上的櫻花盛開，綠葉在旁襯托點綴著，櫻花圖有沒有畫錯啊？

自古以來原生於日本的山櫻是先長葉子才開花，現在日本人賞花的櫻花是

日本山櫻

染井吉野櫻，則是先開花才長葉子。染井吉野櫻是江戶時代中期，一七五〇年左右在江戶改良出來的櫻花品種，盛開時整棵樹的櫻花遮天蔽日，燦爛耀眼。這種開滿整棵樹的染井吉野櫻深受日本人喜愛，於是日本各地爭相種植。

有趣的是，櫻花樹長大需要幾年的時間，為什麼短短的時間裡，日本各地就能種上開花的染井吉野櫻？答案就是染井吉野櫻可以通過剪枝扦插，迅速增加樹苗數量。比起播種育苗，扦插可以大幅縮短培養樹木長大的時間。

扦插還有一個好處，一般播種育苗長大的櫻花樹，身上擁有的特徵可能與親株不同，但是剪枝扦插長大的樹苗，其實是親株的分身，所以身上的特徵和親株一模一樣。

櫻花同時盛開的原因

有一種繁殖方式稱為「複製」，也就是產生許多和本尊一模一樣的分身。科幻電影經常出現複製人，在現實生活中並不存在，若是植物，就能輕鬆複製。

植物繁殖的方法有兩種，一種是從種子開始長大的種子繁殖，另一種則是利用枝、莖等營養器官繁殖。栽培植物採用營養器官繁殖，可以複製增加和原本個體特徵完全相同的分身，符合人類的喜好與需求。由於這個緣故，番薯、馬鈴薯、草莓、菊花等可採用營養器官繁殖的作物，都會盡可能以這個方式繁殖。

原生種的日本山櫻每株樹開花的時間不同，人們可以長時間欣賞到不同花期盛開的日本山櫻。但染井吉野櫻大都是從同一棵樹複製出來，因此會在相同時期開花，一起開花也一起凋謝。

每到櫻花季，日本的氣象預報就會公布櫻花前線，宣告春天的到來。櫻花會隨著氣溫變化依序開花，由於日本全國的櫻花是擁有相同特徵的複製櫻，因此可以預測到精準的櫻花前線。

10 種子的祕密

米是稻子的奶

各位看過「稻子」嗎？

日本稻田裡栽種的作物就是稻子。

再問各位一個問題，你們看過稻子的種子嗎？

我們平時吃的「米」是稻子的種子。我們吃稻子的種子，補充維持生命所需的熱量。嚴格說起來，我們吃的米並不是稻子的種子，就算將米撒在土裡，也長不出稻子。這是什麼道理呢？

剛收割的稻米種子，外面有一層很硬的殼。去除硬殼，取出裡面的種子，這個種子稱為「糙米」。糙米是很受歡迎的健康食品，到米店買糙米，放在淺水盆

米的胚芽與胚乳

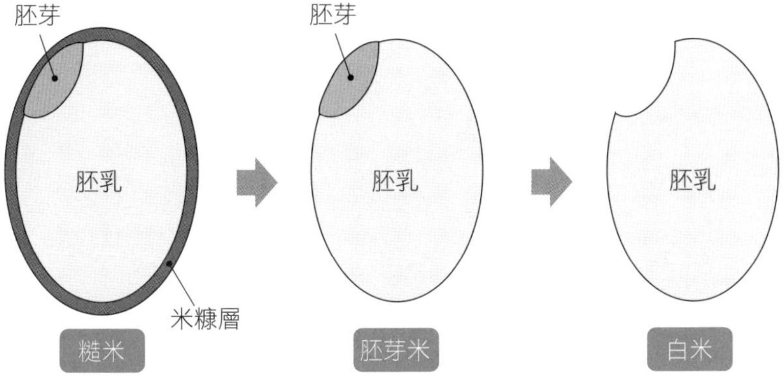

糙米去除掉米糠層就是胚芽米，再去除掉胚芽，就成了白米。

裡就會發芽。糙米才是稻子的種子。

糙米分為胚（植物的芽）和胚乳（提供胚成長所需的養分）兩個部分。說得淺白一點，胚是植物的寶寶，胚乳則如字面上的意思，是滋養寶寶長大的奶。

糙米的周圍有一層「米糠」，去除米糠之後就是胚芽米，也就是保留胚芽部分的米。若再削去胚芽，只留下胚乳，就是我們常吃的白米。換句話說，我們吃的是稻子寶寶的奶。正因為是奶，所以將米撒在土裡也不會發芽。

稻子胚乳的主成分是碳水化合

物。種子透過有氧呼吸分解胚乳裡的碳水化合物，製造出發芽所需的能量。就像我們人類吃飯吸收碳水化合物一樣，也是透過有氧呼吸分解碳水化合物，最後獲得維持生命所需的能量。

黃豆和小黃瓜的共通點

人類還吃其他植物的種子。

豆子也是植物種子，我們在超市購買乾燥的黃豆，回家後將黃豆泡在水裡就會發芽，不過，黃豆的種子有個小本事，這是稻子的種子無法相較的。

稻子的種子是由「胚」，和供應發芽養分的「胚乳」所組成。而黃豆種子沒有胚乳。

既然沒有胚乳，黃豆種子又是如何獲得發芽所需要的營養？

仔細觀察黃豆發芽的過程，會發現有個和種子差不多大且帶有厚度的雙瓣，稱為「子葉」，這裡就是黃豆儲存養分的地方。

若在種子裡保留胚乳（營養源）的空間，用來發芽的胚就會變小，因此黃豆

黃豆發芽

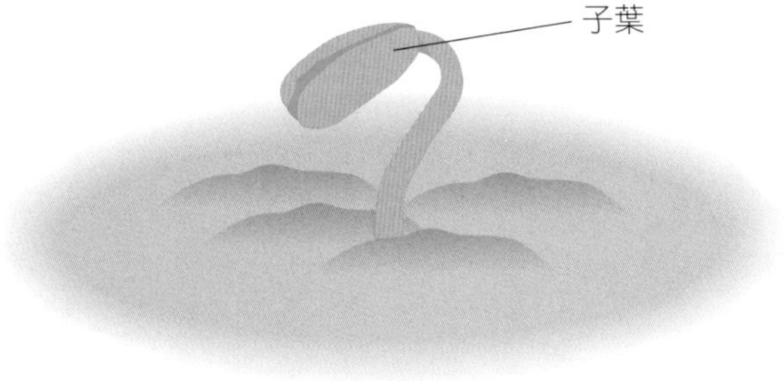

黃豆將營養儲存在子葉中。

的種子將營養儲存在子葉裡，可使胚的空間更大。這個道理就像飛機將油箱設置在機翼中，以增加機體內部的裝載空間。

小小的芽要生存下來沒那麼簡單，芽愈大，存活下來的機率愈高。為了活下來，豆科植物製造出沒有胚乳的「無胚乳種子」。小黃瓜和南瓜等瓜科植物的種子，也和豆科植物一樣，都是無胚乳種子。

紅豆發芽

各位知道紅豆如何發芽嗎？我們常吃的紅豆也是種子。一般來

紅豆的子葉長在土裡

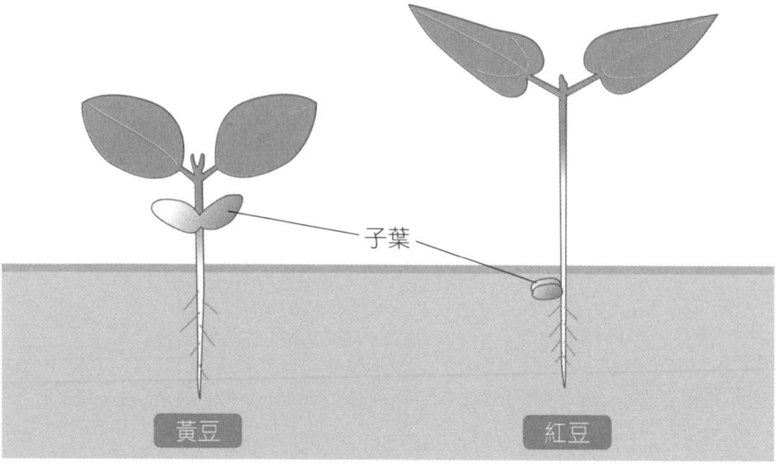

說，超市買的乾燥紅豆在適當環境中也會發芽。將紅豆撒在土裡，種子發芽後，子葉留在地底，長出地面的是本葉。由於紅豆的子葉長在土裡，不會長出地表，因此在我們看來，就會以為紅豆發芽沒有子葉。

子葉不過是豆科植物儲存發芽能量的油箱，由此看來，子葉根本沒必要長出地面，長在土裡即可。

不同種子的能量來源

米是稻子的種子，以碳水化合物作為主要的能量來源。

黃豆除了碳水化合物之外，還

有蛋白質，因此黃豆又被稱為「田裡的肉」。最棒的是，主成分為碳水化合物的米搭配含有蛋白質的黃豆，就能提供我們營養均衡的飲食。味噌是黃豆做的，米飯和味噌湯是最典型的日式飲食，結合了稻子和黃豆這兩個不同的能量來源。

黃豆種子為什麼含有蛋白質？

就像我在前面介紹過的，豆科植物利用固定氮氣的方式，吸收空氣中的氮氣，轉化為蛋白質，因此就算生長在氮較少的土裡也能順利長大。黃豆種子在發芽時，還無法固定氮氣，於是事先在種子裡儲備含有氮元素的蛋白質。

此外，黃豆含有脂質，可提煉做成沙拉油。

其他像是玉米、向日葵、西洋油菜、芝麻等，也是因為種子本身含有大量脂質，作為發芽的能量來源，成為目前常見的植物油原料。

和碳水化合物比較起來，脂質可以製造出兩倍以上的能量。玉米和向日葵以脂質為能量來源，所以只要一發芽很快就能長大。

那麼，西洋油菜與芝麻又是如何？

兩種植物含有能源轉換率較高的脂質，因而縮小了每一顆種子的體積。種子體積愈小，植物就能製造數量愈多的種子，這就是西洋油菜與芝麻能產生大量種子的原因。

脂質較有利？

從這個角度思考，種子含有脂質似乎較為有利。既然如此，為什麼不是所有植物都以脂質為能量來源？

要製造出以脂質來儲存能量的種子就必須先耗費能量，而且儲存脂質也會造成母株的負擔。

碳水化合物、蛋白質與脂質各有優缺點，植物會根據所處環境，巧妙使用碳水化合物、蛋白質與脂質等不同的能量來發芽。

11 孟德爾的遺傳故事

遺傳因子有好處也有壞處

各位像自己的父親還是母親呢？

比起看起來像爸爸媽媽的綜合體，大多數人都是某部分像極了爸爸或媽媽，例如眼睛像爸爸、嘴唇像媽媽。

人類體內共有四十六個染色體，染色體是兩個一對，這二十三對染色體記錄著我們存活的基本訊息。染色體的集合稱為「基因體」，基因體的原文genome是由「gene」（基因）和「-ome」（所有）組合而成的合成詞。

這二十三對染色體又稱為雙套染色體，一套來自爸爸，一套來自媽媽，因此每個特定的遺傳訊息都來自兩套基因。

以血型來說明，人類的血型有四種，分別是A型、B型、O型與AB型。假設從爸爸那邊繼承O型基因，從媽媽那邊繼承O型基因，O型加O型生出來的孩子血型也是O型。若從爸爸那邊繼承O型基因，從媽媽那邊繼承A型基因，A型加O型生出來的孩子血型就是A型，擁有A、O兩種基因時，A型基因會跳出來決定呈現出來的結果。

在此情況下，明顯突出的A型基因為「顯性」、隱藏在背後的O型基因是「隱性」。顯性基因會強勢的表現基因的特性，掩蓋了隱性基因的特性。一對基因中的其中之一會優先顯現，所以小孩的特徵通常會像爸爸或媽媽。

總的來說，遺傳不是一件單純的事情。身高很高、運動神經發達等特質並不是由單一基因決定，而是受到許多基因相互影響。

孟德爾發現的遺傳法則

孟德爾從植物中發現了單純的遺傳法則。他在培育豌豆的過程中發現了遺傳的規律性，後世的人們稱為「孟德爾定律」。

孟德爾定律

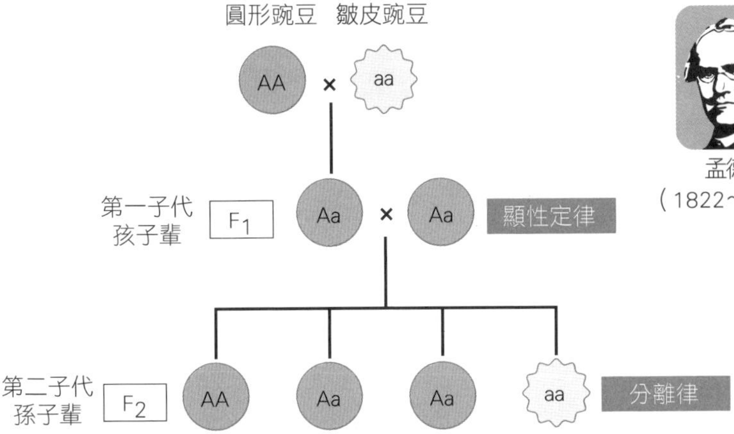

孟德爾
（1822～1884）

孫子輩（F2）誕生圓形豌豆與皺皮豌豆的比例為3：1。

孟德爾的遺傳法則內容如下：豌豆的種子有圓形和皺皮兩種，假設圓形豌豆的基因為A，代代擁有AA基因型；皺皮豌豆的基因為a，代代擁有aa基因型。

圓形豌豆基因A與皺皮豌豆基因a相較，A為顯性。當AA的豌豆與aa的豌豆交配，其後代一定是Aa，此時A為顯性，生出來的種子外表一定全部都是圓形，這個現象稱為「顯性定律」。顯性基因總是優先顯現，表現遺傳的特徵。

假設Aa豌豆都和自家人交配，誕生下一代的種子。孫子世代也會繼承Aa其中一個基因，因此孫子輩的基因組合就是AA、Aa、aa三種。AA、Aa、aa的比例分別是1：2：1，擁有A基因的AA與Aa都會顯現出A的特質，亦即生出圓形豌豆，只有aa基因（無A基因）會長出皺皮豌豆。顯性和隱性的比例總是呈3：1的現象稱為「分離律」。

人類會遇到不像父母，可是像爺爺奶奶的情形。豌豆也是一樣，孫子輩出現皺皮豌豆，這個現象令人玩味。

孟德爾喜歡生物，立志成為生物學家，參加教授考試時，生物學卻不及格。反而是這樣的人在研究植物過程中提出了世紀大發現，植物學真的很有趣。

12 彩色玉米之謎

農業發展和植物改良

隨著農業技術的發展，人類改良了各式各樣的植物。

野生植物在大自然生存所需要的特質，和栽培作物配合人類需求的特質完全不同。「脫粒性」（後面章節會提到）是其中一項特質。野生植物必須靠大自然播種，但栽培植物最好是由人類收穫種子，因此種子不會自然脫落比較好。

不只如此，還有其他特徵。

野生植物愈多樣化對生存愈有利，比方說，一起發芽的植物遭遇災害就很容易全體滅絕，因此在不同時期發芽，族群就比較容易存活下來。同樣的道理，野生植物即使是同種，卻各自擁有不一樣的特徵，有的耐寒、有的抗病性強，同一個族群裡有各式各樣的成員，在任何環境中都有能生存下來的成員。這項多樣性的特質若套用在栽培植物身上，反而讓人類覺得很麻煩。人類花費心力進行品種改良，選出具有優良特質的產物，若栽種之後生長期不同，味道也不一樣，就會增加管理難度。因此栽培植物是朝「一致性」的方向改良。

野生植物採異花受粉，維持族群內豐富的多樣性，和其他個體的花粉交配，可以誕生特質不同的後代。反觀栽培植物若帶有多樣化特質，會增加種植難度。由於這個緣故，栽培植物大多採自花受粉，將自己的花粉沾在自己的雌蕊上，結出種子。靠一己之力結的種子，更能留下與自己相似的後代。

適合栽培的F_1品種

栽培植物的豌豆屬於自花受粉植物，由於這個特質成了孟德爾發現遺傳法則的契機。

前面介紹的孟德爾定律中，AA與aa交配出來的後代全都是Aa，也就是後代所有種子的外形特徵都相同。對於栽種作物來說，這是極大的優點，所以農家都種植AA與aa交配出來的種子。AA與aa交配出的下一代稱為F_1世代，這些種子稱為F_1品種。不過，雖說是品種，其特性並不穩定。一般品種只要播種就能培育出和親株特質相同的作物。但若是播下F_1世代的種子，就會受到孟德爾提出的「分離律」影響，呈現多樣化特質。由於這個緣故，每年都必須以AA與aa為親株，生出F_1世代的種子來播種。

黃色與白色玉米

有一種雙色玉米是由黃色玉米和白色玉米交配而成，穗軸上混雜著黃色和白色玉米粒。兩者的比例也受到分離律影響，呈現3：1的比例。這個人工栽培的玉米是F_1品種，根據分離律法則，F_1品種交配出來的後代特徵不一。

仔細想想，玉米這個現象有點奇怪。

F_1品種的下個世代是位於種子裡的胚，就像前面提過的，胚是植物的寶寶，種子四周宛如守護寶寶的媽媽肚子。照理說，在植物的胚開始發芽時才能看出F_1品種下個世代的特徵，為什麼宛如媽媽肚子的種子卻會分成黃色和白色呢？

雙色玉米

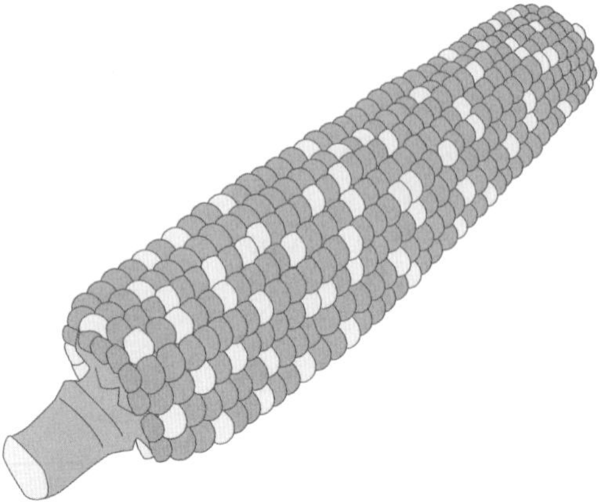

奇妙的現象——花粉直感

各位聽過「彩虹玉米」嗎？

顧名思義，彩虹玉米的每顆玉米粒顏色都不同，呈現出彩虹般的繽紛色彩，宛如美麗的寶石或鮮豔的糖果。彩虹玉米的正式名稱為「琉璃寶石玉米」。前面說過，黃色玉米和白色玉米交配就會生出黃色與白色玉米粒混雜的玉米。

提到玉米，大家都會想到黃色玉米。其實玉米不是只有黃色和白色，還有紫色、黑色、綠色、紅色、橙色等各種顏色。一般認為彩虹玉米是由各種玉米交配出來的結果。

馬雅文明是玉米的起源地之一，根據馬雅神話，神祇利用玉米創造人類，而且創造出各種顏色的玉米，才有了各種膚色的人種。

玉米粒的顏色是由雌花受粉交配後的基因決定的，回到前面提出的問題，玉米粒的顏色變化相當奇妙。受精生成的種子裡的胚是植物的寶寶，其特徵取決於爸爸和媽媽的遺傳，這是很自然的道理。可是玉米粒的有色部分是包覆胚的外皮，以人類來比喻，就像是媽媽的肚子，顆粒顏色受到遺傳法則影響而改變，事實上是爸爸的特徵呈現在媽媽的肚子上，這不是太奇妙了嗎？這個現象稱為「花粉直感」（xenia），指的是花粉中雄性的顯性基因，直接在玉米顆粒上表現出來。植物為什麼會出現花粉直感的現象？

複雜的植物受精

這一點與複雜的植物受精有關。

花粉沾附在雌蕊前端的過程稱為「受粉」。但是受粉不等同受精，沒有受精的胚珠不會長成種子。受精又是什麼樣的過程呢？

胚珠位在雌蕊基部的子房中，花粉必須從雌蕊前端移動到基部，進入子房中找到胚珠，才能進行受精。

花粉要如何移動到雌蕊基部呢？花粉沾附在子房前端時會長出花粉管，深入雌蕊的子房中，抵達胚珠，接著從花粉管將花粉中的精核送到胚珠上，才算完成受精。

奇妙的事情在後頭。

人類的精子有一個核，與卵子結合後就完成受精。而植物的花粉有兩個核，其中一個正常受精，變成胚，也就是植物寶寶；另一個進行另一次受精，製造出胚乳，也就是給寶寶的奶。植物經歷兩次受精的過程，稱為「雙重受精」。

開花植物幾乎都行雙重受精，所以玉米胚乳的遺傳特徵會顯現在玉米粒的顏色上。

三個基因體

進一步再問，為什麼滋養寶寶的奶，也就是胚乳的部分必須透過受精製造出來呢？

植物本身會從精核和卵子各繼承一套染色體（一個基因體），二套染色體配成為一對，擁有二套染色體（二個基因體）的植物稱為二倍體。可是，胚乳不同。胚乳從精核繼承一套染色體，從胚珠中繼承二套染色體，結合起來就成了三套染色體。簡單來說，胚乳是三倍體。有三套染色體代表可以製造出許多胚乳，比二套染色體可以供應種子更多養分。這就是植物進行複雜的雙重受精的原因。

Part3

一讀就停不下來的植物故事

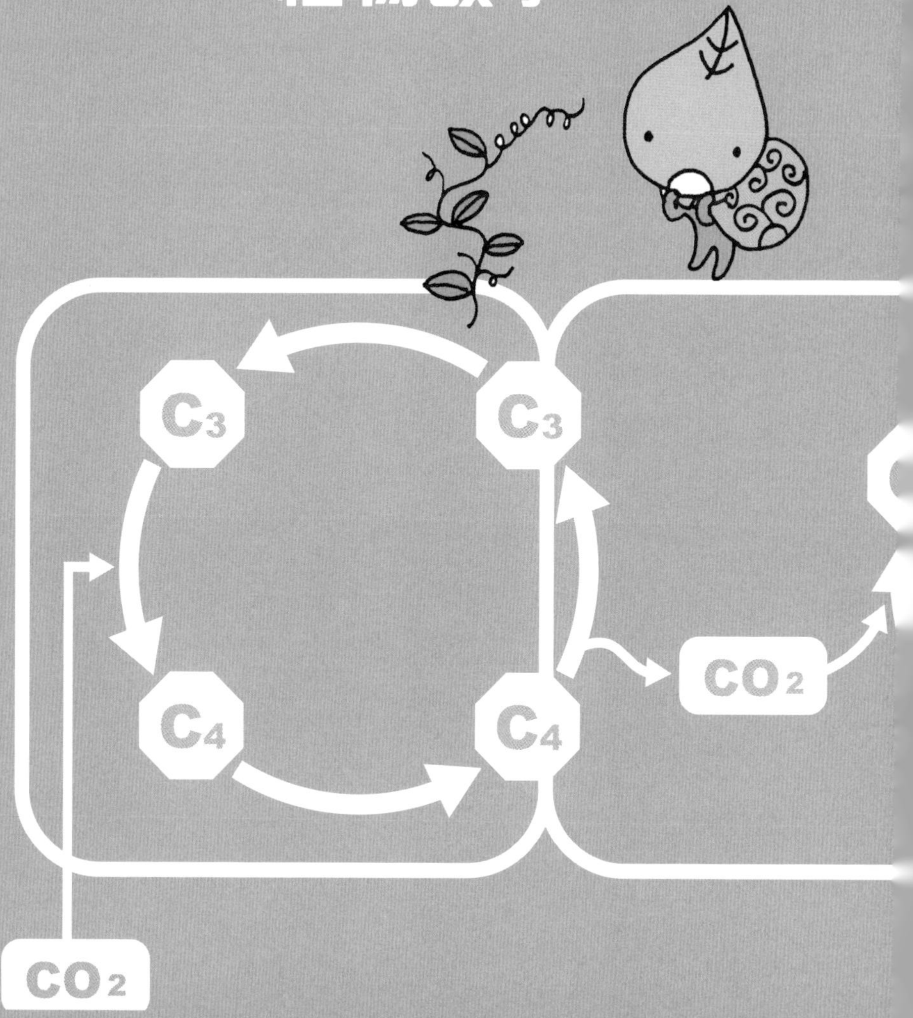

01 紅燈籠是成熟的果實！

紅色刺激食慾

日本有許多上班族下班回家時，總是不小心走進掛著紅燈籠的居酒屋。這是沒辦法的事情。

人只要看到紅色就會刺激副交感神經，開始想吃東西。或許是受到這個特質影響，漢堡店和牛丼等連鎖速食店的招牌或店面設計都是紅色的。

此外，只要在蔬菜沙拉添加紅色番茄，在大阪燒放上紅色生薑，就會令人食指大動。

為什麼人看到紅色食物就覺得好吃、想吃？

這與植物的演化有關。

植物對鳥類訴說的甜言蜜語

自然科教科書認為裸子植物和被子植物的差異在於「胚珠是否外露」。裸子植物的胚珠是露在外面的，相較之下，被子植物為了保護珍貴的胚珠，將胚珠包在子房裡。而且被子植物發展出一項令人驚奇的祕密武器，那就是讓用來保護胚珠的子房逐漸肥大，變成可以吃的果實。

當動物或鳥類吃下植物果實，會連同種子一起吃下肚。種子不會被動物或鳥類消化，會隨著糞便一起排出。由於動物和鳥類都有行動能力，因此種子也跟著四處散播。

這時候有一個風險，如果種子尚未成熟就被吃掉，將對植物的繁衍造成極大的阻力。因此植物的果實在成熟前和葉子一樣是綠色的，藉此隱藏果實和種子的存在。而且還沒成熟的果實不甜，帶有苦味，這也是保護果實的方式之一。

等到種子成熟，果實的苦味就會消失，開始儲存糖分，味道變得甘甜美味。果實的綠色轉變為顯眼的紅色，代表已經到了可以吃的時候。綠色表示「請不要

鳥類散播植物種子

鳥類吃下果實後，種子隨著糞便排出，掉落在不同地方。

吃我」，紅色表示「快吃我」，這是植物向動物和鳥類發出的訊號，希望牠們「幫忙搬運種子」。所以鳥類只要看到紅色的果實就會去吃，同時順便傳播種子。

哺乳動物無法辨識紅色

有趣的是，在演化的過程中哺乳動物看不見紅色。

在恐龍橫行的時代，哺乳動物的祖先為了躲避恐龍獵食，過著夜行性生活。因為紅色在黑暗中不易辨識出來，久而久之，夜行性哺乳動物便失去了辨別紅色的能力。

不過，後來只有一種哺乳動物恢復了辨別紅色的能力，那就是人類的祖先猿猴類。

目前科學家還不知道猿猴類是開始吃果實之後才看得見成熟果實的顏色，還是看得見紅色後才開始吃果實，可以確定的是，我們的祖先辨別得出成熟果實的顏色，並且以果實為食物。

紅燈籠的顏色是成熟果實的顏色，所以人類總是無法抗拒紅燈籠的誘惑。

02 草原的故事

草原之戰

植物是各種動物的食物。

對植物來說，最可能被動物吃掉、風險最高的地方莫過於草原。

深邃的森林長著許多草木，彼此交錯的生活在一起，增加了動物吃植物的困難度。反觀一望無際的草原沒有隱蔽處，植物無處躲藏，能活下來的數量也很有限，草食動物們每天都在爭奪不足的糧食。

為了不被吃掉，植物該如何保護自己？用毒是保護自己的方法之一。不過，製造毒素也會消耗體內的養分，要在貧瘠的草原生產毒素不是那麼簡單。而且就算靠毒素保護自己，動物也會演化出抵禦的方法。

禾本科植物的特性

禾本科植物是在高風險草原中演化得最先進的植物。禾本科植物的葉子儲存著堅硬的矽元素，矽是製造玻璃的原料，相信各位並不陌生。而且葉子也含有大量纖維質，不容易消化。簡單來說，禾本科植物讓自己的葉子不適合食用，藉此存活下來。

禾本科植物還有另一項與其他植物截然不同的特性。

一般植物的生長點在莖部頂端，當新細胞往上增生，新枝就不斷延長。這種生長方式的缺點就是，如果莖部前端被吃掉，最珍貴的生長點也會被吃掉。

為了彌補這個缺點，禾本科植物的生長點長得較低，在接近地面的位置。同時禾本科植物的莖不長高，生長點就位在接近根部的地方受到保護，葉子就從生長點長出來。這樣的好處是無論葉子被吃掉多少，都只損失葉片前端，不會損傷生長點。不過這樣的成長方式有一個重大的問題。

一般植物生長的形態是透過莖部不斷長出分枝，增加了枝條數量長出茂盛的葉子，如果缺少莖部，無法分枝，葉子增加的數量就有限。葉子數量不多，經由

禾本科植物的生長點很低

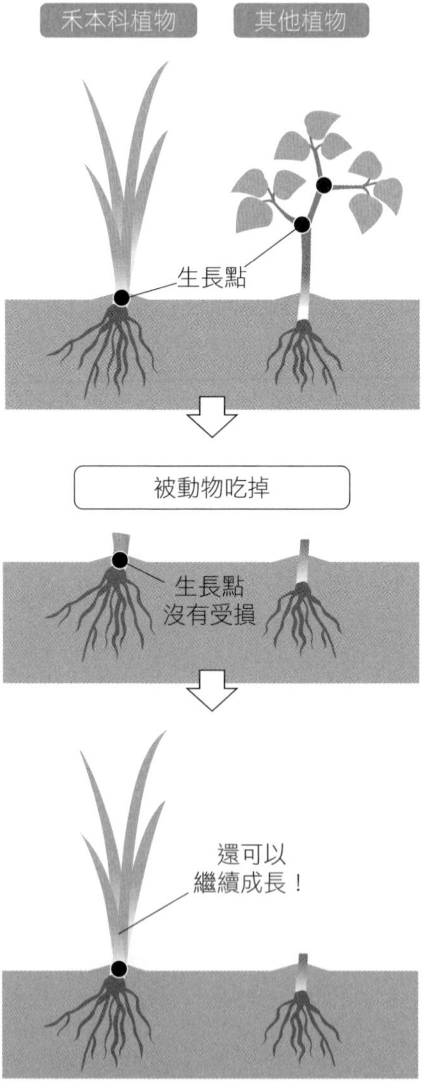

光合作用產生的糖分也就不足以供應植物生長所需。

為了解決問題，禾本科植物從根部增長分枝，同時增加葉子的生長點數量，這種分枝法稱為「分櫱」。也就是說，禾本科植物是從地面長出許多葉子。

牛有四個胃

為了不讓動物來吃自己的葉子，禾本科植物將葉子裡儲存的蛋白質降到最低，減少營養價值，演化成質地堅硬、不易消化且沒什麼營養的葉子。

可是大草原上還是存在著必須吃禾本科植物才能活命的草原動物，為了消化禾本科植物，牠們的各種生理機制也演化了，舉例來說，牛有四個胃。這四個胃中，只有第四個胃的作用跟人類的胃一樣進行消化吸收的功能。

第一個胃的容量很大，用來儲藏吃下肚的草。利用胃裡的微生物分解草，製造養分，發揮發酵槽的功能。就像人類發酵黃豆一樣，製作出營養價值高的味噌和納豆，或是發酵米釀成日本酒，牛也在胃裡製造有營養的發酵食品。

第二個胃將食物推回食道，進到口中再次咀嚼胃裡的消化物，這個動作稱為

「反芻」。牛在休息時嘴巴還不停的咀嚼，就是這個原因。

第三個胃用來調整食物量，讓食物回到第一個胃和第二個胃，或將食物送進第四個胃。透過分工處理的方式，讓禾本科植物的葉子變軟，利用微生物發酵作用，創造營養價值。

想從禾本科植物攝取營養，必須吃下大量的草，同時使用四個胃。為了包容發達的內臟，牛的體型才會如此壯碩。

不掉種子的麥子改變了歷史

科學家認為人類是在草原演化的。

禾本科植物的葉子不僅很硬，營養價值又低，人類根本不能吃。儘管人類懂得用火，也從不把禾本科植物的葉子煮或炒來吃。

即使如此，禾本科植物依舊成了人類的食物來源之一。稻子、小麥、玉米等穀物都是現在人類最仰賴的重要糧食，這些全是來自禾本科植物的種子。

若比較人工栽培和野生的麥類植物，各位認為人類重視哪一項特性？

答案是種子不會自然掉落。

種子掉落的特性稱為「脫粒性」，所有野生植物都有脫粒性。但在極少數狀態下，植物發生突變，出現不掉種子的後代。自然界中，種子成熟了卻不掉落，就無法繁衍後代，因此不掉種子的特性可說是致命性的缺點。發現了這個極為罕見的突變株，對人類來說極為有利。

野生麥子為了繁衍後代，必須讓種子自然掉落，但人工種植的麥子若種子一成熟就掉落地面，人類便無法採收。因此只要種子留在植物株上，人類就能採收成為糧食。將採收的種子撒在土裡培育，就能種出更多不掉種子的麥子。

發現不掉種子的「非脫粒性」突變株開創了人類的農業，人類種植不掉種子的農作物，集中採收，不再需要四處移動採集植物，這可說是人類歷史中最具革命性的創舉之一。

農業與文明

禾本科植物的葉子沒有營養，種子卻含有豐富的養分，而且種子還適合人

世界文明和主要作物

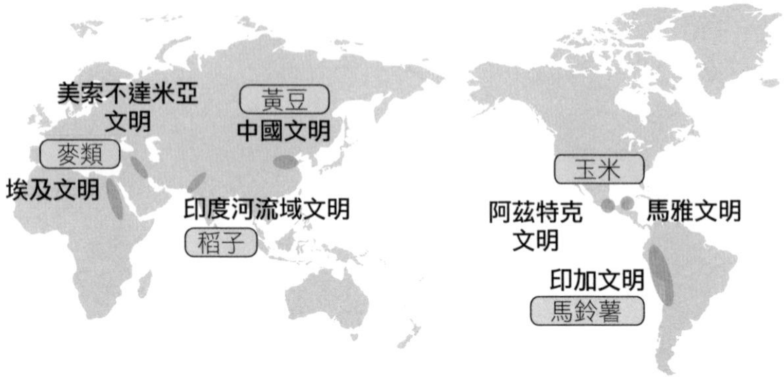

類儲藏保存。人類發現了禾本科植物的好處後，便開始發展出農耕技術，進而出現高度文明。

文明的發達和植物有一定程度的關係，舉凡文明發祥地都有重要的栽培植物。

埃及文明和美索不達米亞文明的發祥地是麥類的起源地，印度河流域文明是稻子的起源地。此外，中國文明的發祥地是黃豆的起源地。中美洲的馬雅文明和阿茲特克文明生產玉米，南美洲的印加文明生產馬鈴薯。

有人認為「因為栽培植物才有發達的文明」，也有人認為「因為文明發達才有栽培植物」，無論如何，人類文明的發達與植物息息相關。

03 廚房的植物學

為什麼切洋蔥會流淚？

各位知道切洋蔥的時候，為什麼會流淚嗎？

洋蔥細胞含有蒜胺酸，蒜胺酸並沒有刺激性。

但洋蔥被切開的時候細胞遭到破壞，釋放出細胞裡的蒜胺酸和酵素，兩者結合引發化學反應，立刻轉變為具有刺激性的大蒜素，就是這大蒜素刺激眼睛讓人流眼淚。

大蒜素具有殺菌活性，也就是說，當病原菌和害蟲侵襲洋蔥，大蒜素便可以保護自己。

其實內含刺激物質也會對洋蔥本身帶來不良影響，因此洋蔥才設置了保護機制，讓無毒的原料平時存在於體內，當受到病原菌和害蟲侵襲，細胞遭到破壞時就立刻製造出刺激物質。換句話說，一定要破壞細胞才會製造刺激物質。

這就跟暖暖包的發熱機制一樣，只要打開袋子與外面的空氣接觸，暖暖包就發生反應開始發熱。

一邊流淚一邊切洋蔥很辛苦，若想輕鬆一點，有些方法可以讓人在切洋蔥時不流淚。洋蔥的刺激物質大蒜素只要溫度低就難以揮發，因此在切之前將洋蔥放進冰箱冷藏，就能抑制揮發性物質揮發。

此外，大蒜素不耐熱，加熱就會分解，所以將洋蔥放進微波爐稍微加熱再切，也是一個好方法。

直切還是橫切？

有趣的是，直切洋蔥與橫切洋蔥會出現輕重程度不同的流淚反應。事實上，橫切洋蔥比較容易流淚。

從植物構造來看，細胞呈直向堆疊排列形成一束一束的結構，能抵抗橫向

洋蔥切法與細胞的破壞方式

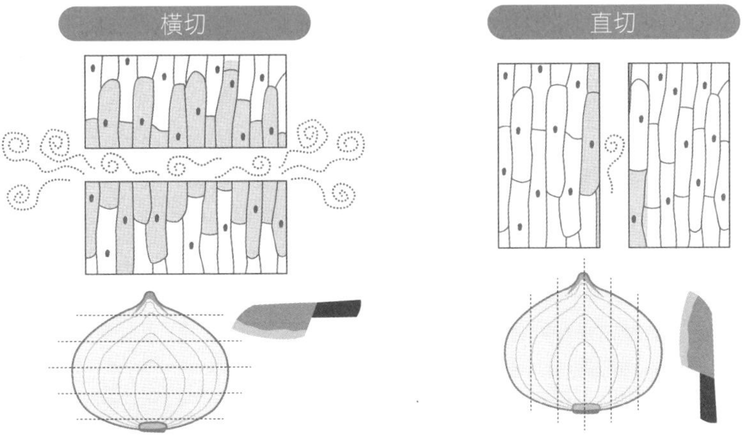

橫切洋蔥會切斷細胞，產生刺激物質。

而來的力量，植物身體就不容易折斷。也因為細胞成束排列，不容易彎折，若直向破壞就能輕鬆撕裂。蔬菜和木材總是容易出現縱向裂痕，正是因為細胞為直束的緣故。

洋蔥的細胞也是呈直向排列，因此直切洋蔥只會分開直向排列的細胞，多半不會破壞細胞。若橫切洋蔥，細胞就會被切開破壞，產生大量刺激物質。

雖然橫切洋蔥會破壞細胞，但吃進嘴裡口感柔軟。若將橫切的洋蔥泡在水裡，辣味成分會溶於水中，吃起來更爽口。因此，若要做成沙拉，橫切洋蔥最適合。

而直切洋蔥就適合用來熱炒。橫切會破壞細胞，使細胞內的成分滲出，以直切方式盡可能保留完整細胞，咀嚼時才破壞細胞，就可吃出洋蔥的美味。

磨山葵的方法

日本有一種說法是「磨山葵時要笑」，也有另一種說法是「磨山葵時不能笑」，到底哪個說法才正確？

笑與不笑因人而異，但山葵的研磨方法確實會影響味道。

日本一般以「磨山葵時要笑」的說法居多，就像先前說過的，洋蔥細胞裡有刺激性成分的原料，當細胞遭到破壞，就轉化成刺激性的物質，山葵也一樣。山葵細胞裡含有黑芥子硫苷酸鉀，當細胞遭到破壞，黑芥子硫苷酸鉀和酵素反應，轉化成辣味物質，也就是「異構硫氰酸丙烯酯」。

磨山葵時如果太用力，顆粒質地就會變粗，無法徹底破壞細胞；但如果放鬆力道仔細研磨，就能破壞每一個細胞，大量生產辣味物質，磨出辛辣夠味的山葵。使用表面結構較細的鯊魚皮山葵研磨器，以畫圓的方式研磨，這是最常聽到的方法，因為這種方式才能大量破壞細胞。那磨白蘿蔔泥時又該如何？

白蘿蔔和山葵同是十字花科植物，兩者含有的黑芥子硫苷酸鉀都會轉化成辣味物質異構硫氰酸丙烯酯。不過，日本有一種說法，「生氣時製作蘿蔔泥的話，蘿蔔泥就會變辣」。白蘿蔔比山葵硬，縱向磨泥較能切斷細胞，就像洋蔥要橫切一樣，辣味較明顯。

給喜歡吃辛辣山葵泥的人的建議

無論是山葵或白蘿蔔，不同部位磨出來的泥，吃起來的辣度不同。山葵的前端較辣，接近尾端的部分辣味較不明顯。若你喜歡吃辣味較明顯的山葵泥，建議帶著微笑磨山葵前端，就能磨出辛辣夠勁的山葵泥。如果你不喜歡吃較辛辣的山葵泥，不妨用力磨山葵尾端，辣味就會變得溫和，還能享受山葵泥的風味。

白蘿蔔和山葵相反，尾端較辣、前端的辣味較溫和。

04 蘿蔔嬰長大是什麼樣子？

白蘿蔔的莖部消失到哪兒去了？

蘿蔔嬰是市面上常見的芽菜，蘿蔔嬰就是白蘿蔔的芽。張開的雙葉形狀很像貝殼，因此日本稱為「貝割大根」。若能細心栽種蘿蔔嬰，就會長成我們常吃的白蘿蔔。

仔細觀察蘿蔔嬰，會發現雙葉下有一條很長的莖部，但白蘿蔔沒有莖。

蘿蔔嬰的莖部在成長過程中到底到哪裡去了？

種子發芽是長出胚芽的過程，胚芽就是植物體的小時候，蘿蔔種子裡具有植物小時候的根、莖和葉，也就是胚根、胚軸和子葉，三者成長發芽，形成蘿蔔嬰。蘿蔔嬰吸收自身養分，行光合作用，再長出新的根、莖與葉子。

蘿蔔嬰與白蘿蔔

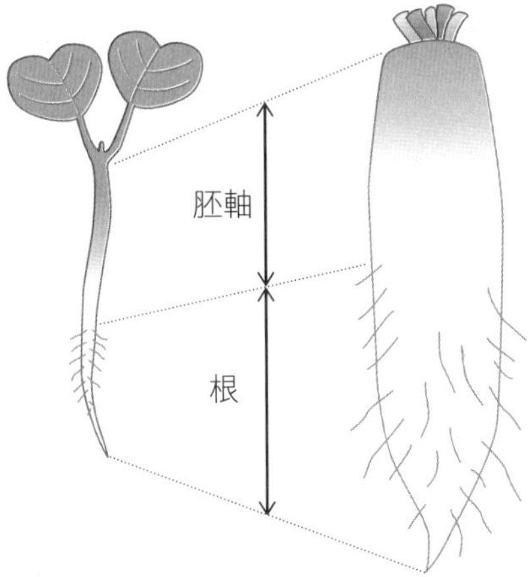

白蘿蔔的成長

蘿蔔嬰長大後變成白蘿蔔，白蘿蔔是蘿蔔嬰的胚軸與根部一起肥大長成的。

仔細觀察白蘿蔔，會發現下方有細細的鬚根或根部留下的小洞。這部分以下是根部肥大形成的結果。

再看看白蘿蔔的上半部，表面十分光滑，完全沒有根部的痕跡。這代表上半部是由胚軸肥大所形成，而不是根部。

如果有機會到白蘿蔔田參觀，白蘿蔔只有上半部在地表上，這個部位原本就是莖部，長在地上也不奇怪。日本常見的「青首大根」，胚軸部分是綠色的。

回到之前的問題，白蘿蔔有莖嗎？

白蘿蔔幾乎沒有莖部，要說有的話，也是非常的短，葉子從這裡長出來。如果將白蘿蔔的葉子全部拔光，最後留下來的芯就是莖部。一到春天，莖部會慢慢伸長並且開花。

各部位的辛辣度不同

前面說過白蘿蔔上下半部的辣味不同，是因為白蘿蔔上下半部屬於不同的植物部位。

從根部吸收的水分透過胚軸往地上送，在地上製造的糖分等營養，也透過胚軸送至根部。由於這個緣故，胚軸含有大量水分，味道甘甜。

白蘿蔔的胚軸部分水嫩多汁，適合做成沙拉；口感甘甜柔軟，也很適合做成日式燉蘿蔔（風呂吹蘿蔔）。

而白蘿蔔的根部口感辛辣，是由於地上製造的養分全都儲存在根部，為了避免昆蟲或動物吃掉這些辛苦製造與儲存下來的營養，才會以辣味成分保護它。白蘿蔔愈往下方的部位，口感愈辛辣。比較白蘿蔔最上方與最下方的部位，最下方的辣味成分多出十倍。因此在料理上，白蘿蔔下半部適合做成味噌關東煮、鰤魚蘿蔔等味道較重的料理。

如果你喜歡吃口味較辣的蘿蔔泥，請務必使用下半部；相反的，如果不喜歡辛辣口味，以上半部磨泥就能做出辣味較少的蘿蔔泥。

順帶一提，山葵根中可食用的莖部稱為根莖，表面有許多像隕石坑的凹凸小洞，這些都是葉片掉落的痕跡。

05

為什麼香蕉沒有種子？

將香蕉切片之後……

香蕉沒有種子，這是為什麼呢？

其實香蕉本來是有種子的，有一次發生突變，出現了沒有種子的香蕉。

植物從雄性的精核與雌性的卵子各繼承一套染色體（一個基因體），亦即擁有二套染色體，稱為二倍體。長大成熟的植物在製造精核與卵子時，由二套染色體拆開各分一半，精核和卵子各帶一套染色體，經過受精，又恢復成二倍體。

但不知為何，無籽香蕉的染色體竟有三個，也就是三倍體。二倍體可將二套染色體分為一半，但三倍體無法分一半，因此不能正常製造種子。各位吃香蕉的時候，會看到香蕉裡有許多黑點，這些黑點是種子的痕跡。

野生香蕉有種子

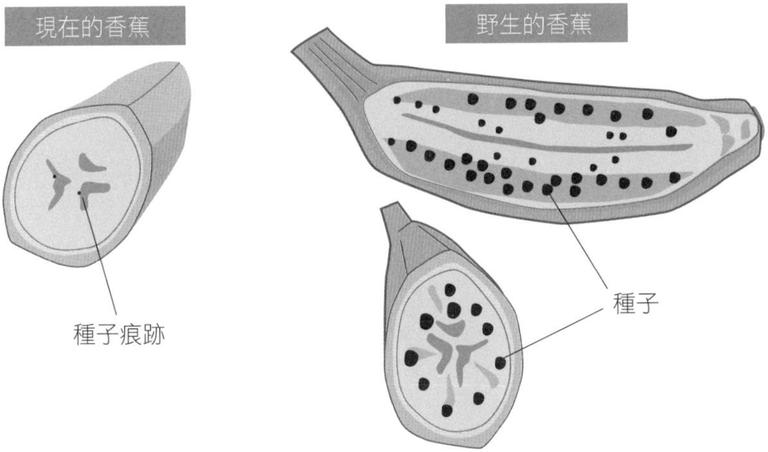

栽培品種與基因體的數量

無法製造種子是植物的缺陷，卻是栽培植物的優點。以無籽西瓜為例，三倍體的無籽西瓜吃起來比較方便，不需要吐籽。

芋頭有二倍體和三倍體兩種品種。三倍體無法產生種子，因此養分不用分給種子，全部用來養出肥大的芋頭。比起二倍體，三倍體的基因體數量較多，體型也長得較大，花與果實也較大，這樣的特性可以增加收穫量，有利於人工栽培。

不只是三倍體，栽培植物也有

基因體數量較多的品種，例如小麥為六倍體、番薯也是六倍體、草莓為八倍體。

石蒜是古代的栽培品種？

日本每到秋天掃墓的時節，石蒜（紅花石蒜）就會開花。石蒜是三倍體，不會結出種子。石蒜的花開得很茂盛，明明不會結種子，卻能四處生長，這是為什麼呢？專家認為古時候的日本人刻意種植石蒜的球根，正確名稱叫做鱗莖，石蒜的鱗莖有毒，但只要泡水去毒就能吃，因此日本各地都種了石蒜。後人認為石蒜在飢荒期間是很棒的緊急糧食，才遍布各地。無論是新開墾的地方或鐵路沿線都能看到石蒜的蹤影，而且移植鱗莖時，連土壤也一起被帶走。石蒜開花代表著古人移植鱗莖的歷史。儘管如此，古時候的日本人真的種植石蒜當糧食吃嗎？

石蒜的原產地在中國，包含了結種子的二倍體與不結種子的三倍體，這兩種石蒜只有不結種子的三倍體石蒜被帶到日本。三倍體石蒜的基因體比起二倍體石蒜大，鱗莖也大，由於不結種子，營養較充足。或許就是因為這個原因，才會遠渡重洋，傳入日本。這個時候離稻子傳入日本還有好長一段時間。

06 狗尾草是高性能植物

長在路邊的狗尾草

各位認識路邊的雜草「狗尾草」嗎？

炎熱夏日裡，即使是有人悉心照顧澆水花圃裡的花或田中的蔬菜，都免不了枯萎，失去活力，生長在路邊的狗尾草沒人澆水，卻活得神采奕奕。狗尾草有什麼過人的特質嗎？

是的，狗尾草進行光合作用的機制十分特別，那是稱為「C_4循環」的高性能光合作用系統，帶有C_4循環的植物稱為C_4型植物。

光合作用是十分先進的機制，就像汽車引擎燃燒汽油產生能量，植物利用光能量，就能使水和二氧化碳產生化學反應，製造糖分作為植物生長的能量來源，這就是光合作用。

容我再次強調，光合作用是十分先進的機制。人類可以開發出複雜的引擎系統，到目前為止仍無法開發出完美的人工光合作用系統，誇耀科學文明的人類就連一片葉子也製造不出來。

C_4循環是渦輪引擎

光合作用是植物將二氧化碳轉化為糖的過程，在這過程中，中間產物是一個三碳分子（C_3），整個過程呈現一個循環，稱之為C_3循環。又稱「卡爾文循環」。一般採用C_3循環系統行光合作用的植物，稱為C_3型植物。採用C_4循環的植物稱為C_4型植物。

C_4循環就像汽車的渦輪引擎。

渦輪引擎是利用渦輪增壓器壓縮空氣，將大量空氣送入引擎，提高馬力。光合作用的C_4循環系統固定吸入的二氧化碳，形成四碳的蘋果酸等C_4化合物。接著再將C_4化合物送入C_3循環。簡單來說，碳被壓縮了，因此C_4型植物可發揮比

C_3型植物更強的光合效能。

除了狗尾草之外，還有其他的C_4型植物。大家常見的玉米，就是最具代表性的C_4型植物。

渦輪引擎在高速行駛時最能發揮功效，同樣的，高性能的C_4光合作用在夏日高溫和強烈日照下，效果最好。

進行光合作用一定要有陽光，陽光愈強，光合作用的產量愈高。但如果陽光過強，超過光合作用可以負荷的範圍，光合作用的產量反而會遭遇瓶頸。就像無論怎麼踩油門都開不快的車一樣。

C_4型植物沒有這個問題，即使陽光變強，C_4型植物仍然能製造出四碳化合物，如常進行光合作用。

狗尾草在酷夏仍不枯萎的原因

C_4型植物還有另一項特質，那就是耐乾燥。

植物必須打開氣孔，吸收二氧化碳，才能行光合作用，但氣孔一開就會流失

C_4型植物在C_3循環前有一個吸入二氧化碳的C_4循環

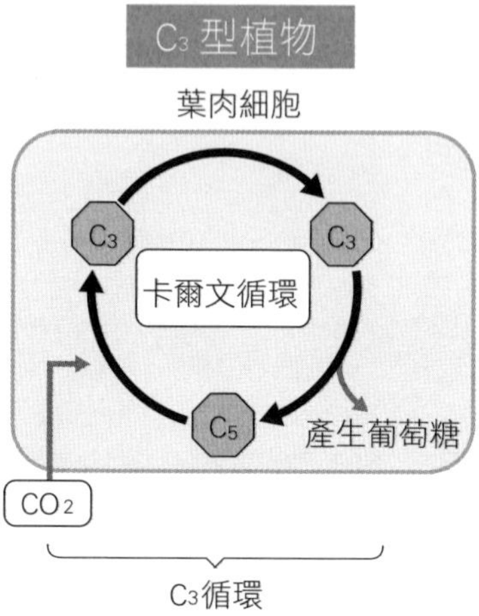

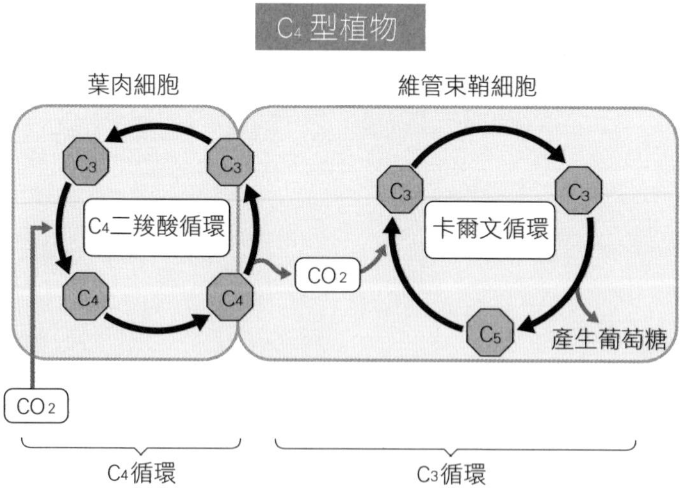

水分。C_4型植物打開氣孔時會濃縮吸入的二氧化碳，因此一次就吸入大量的二氧化碳。這個做法可以減少張開氣孔的次數，這就是C_4型植物狗尾草在乾燥酷暑中不會枯萎，保持十足活力的原因。

C_4型植物的缺點

儘管C_4型植物耐旱、生命力強，但它只佔全世界植物的一成左右，這是因為它有一個很大的缺點。

C_4循環在高溫強光的條件下，最能發揮光合作用的效能，一旦遇到氣溫低、陽光弱的環境，無論吸入多少二氧化碳都無法提高光合作用的效能。啟動C_4循環必須耗費額外能量，在非高溫強光的環境下光合作用效率比C_3型植物還差。

由於這個緣故，C_4型植物雖然在熱帶地區發揮壓倒性的優勢，但在溫帶和寒帶地區便顯得效能不佳。就如同引擎全開高速運轉最能展現效率的跑車，遇到塞車也只能浪費汽油，毫無表現。

演化更先進的CAM型植物

仙人掌這類生長在乾燥地區的植物，擁有比C_4循環更先進的光合作用系統。汽車引擎有一種叫做雙頂置凸輪軸系統，凸輪（CAM）與進排氣閥的開關有關，是攸關引擎性能的重要零件。凸輪分成進氣用和排氣用，裝載兩種功能凸輪軸的高性能引擎就是雙頂置凸輪軸。

巧合的是，仙人掌擁有專為乾燥地區設計的光合作用系統，也稱為CAM。這是「景天酸代謝」（Crassulacean Acid Metabolism）的英文縮寫。

C_4型植物可以減少氣孔的開關次數，但氣孔張開還是會流失水分。植物的CAM是改良C_4循環的系統。光合作用必須在有陽光的白天進行，但白天氣溫高，氣孔一開，水分就會蒸散。

CAM型植物和C_4型植物一樣，擁有C_4循環和C_3循環，不同的是，CAM型植物在氣溫較低的夜晚張開氣孔，白天氣溫高則氣孔緊閉，利用儲存的碳行光合作用。白天和晚上使用不同系統，巧妙的避免水分蒸發。CAM系統的概念就

C_4型植物與CAM型植物的光合作用系統

C_4 型植物

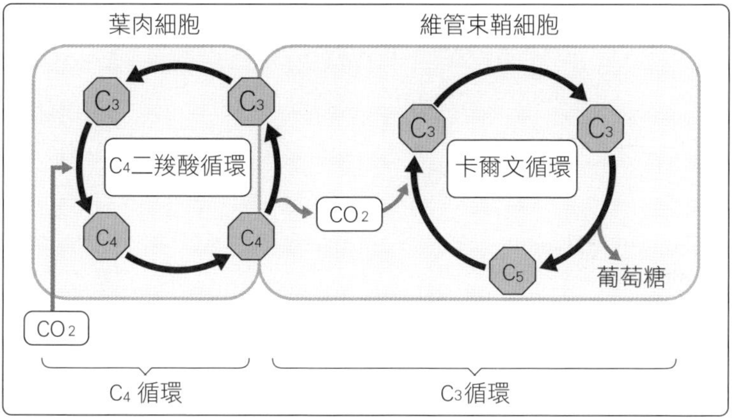

白天

CAM 型植物

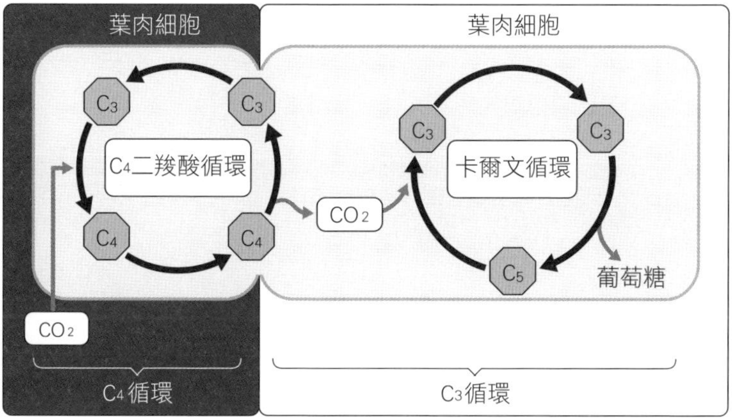

夜晚　白天

CAM型植物會在氣溫較低的夜晚開啟C_4循環。

像是晚上使用電力製作冰或溫水，並且以電熱水器儲存熱能，以便在白天使用。

仙人掌等耐乾旱植物利用ＣＡＭ光合作用系統，提高耐旱性。除了仙人掌之外，景天科植物、鳳梨科植物也是頗具代表性的ＣＡＭ型植物。

07 小偷的包袱巾是唐草圖案

唐草圖案來自地錦

日本漫畫中的小偷總是背著綠底白色唐草圖案的大包袱。

據說唐草這種藤蔓圖案起源自古埃及，後來從埃及傳入希臘、波斯、印度、中國與蒙古等世界各地，許多地區都使用這個圖案。相傳唐草圖案是在第五世紀時從中國傳入日本，歷史相當悠久。

唐草圖案的主角是地錦類植物，地錦長得很快，繁榮茂盛，生命力很強，莖部四處攀爬，被視為長壽和繁榮的象徵。順帶一提，帶有吉祥意義的舞龍舞獅，身上也描繪著唐草圖案。

唐草圖案

成長快速的祕密

地錦是莖部細長的「攀緣植物」，不只是地錦，攀緣植物的特性就是成長快速。像是牽牛花只要短短的暑假期間，就能從一樓長到二樓，常當成綠籬的苦瓜也是在一眨眼之間爬滿窗子。

植物必須晒太陽才能存活，為了與其他植物競爭，成長速度便成為重要關鍵，攀緣植物在這一點做得相當成功。

攀緣植物的快速成長隱藏著一個祕密。

攀緣植物靠著攀爬其他植物或支柱生長，因此莖部不需要強壯到足以直立，可以將省下來的能量全部拿來延伸莖部。

此外，攀緣植物運送水分的導管和運送養分的篩管較粗，可有效率的運送水和養分。若導管和篩管太粗，構造上就會變得脆弱，因此大多數植物製造了許多細導管和篩管，利用植物纖維補強，日益成長。由於攀緣植物不需要強韌的莖部，因此得以擁有粗大的導管和篩管。

攀緣植物的生存絕技

由於無法直立，攀緣植物需要攀爬在其他植物身上，身懷不少絕技。

知名的甲子園外牆爬滿了綠色藤蔓，地錦也能爬滿大樓或建築物的牆壁。地錦大致可分成兩種，一種是作為唐草圖案主題的五加科的常春藤，常春藤在冬天也蔥綠茂盛，因此日本人又稱它為「冬蔦」；另一種則是葡萄科的地錦，一到秋天葉子就會變成紅色，冬季就會落葉，因此日本人又稱為「夏蔦」。

葡萄科地錦的卷鬚前端有吸盤，吸盤會分泌黏液，附著在其他植物身上。五加科常春藤利用氣生根吸附攀爬。牽牛花的莖部長成藤蔓，一邊捲曲一邊生長。苦瓜的葉子則是轉變成卷鬚。

卷鬚螺旋形成逆向轉折

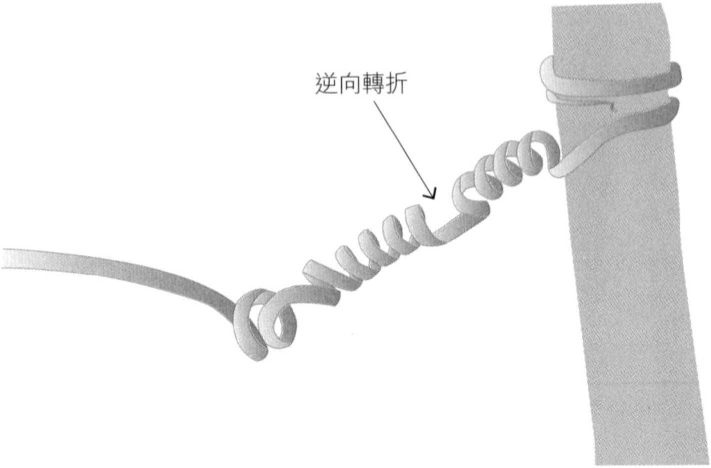

卷鬚只要一接觸到物體，前端就開始準備纏繞，先是呈螺旋狀捲曲，讓植物體往接觸物靠近。接著，呈螺旋狀的卷鬚就像彈簧，溫和的固定在接觸物上。仔細觀察卷鬚，會發現螺旋捲著捲著就反個方向逆向轉折，這種生長型態比較強韌，不易被扯斷。攀緣植物為了纏繞在其他植物身上讓自己快速成長，真是費盡心思啊！

我都不知道
卷鬚會逆向
轉折～

08

雄樹與雌樹

植物也有雌雄之分？

奇異果有雌樹與雄樹。

只種雌樹不種雄樹就無法受粉，自然長不出奇異果。

銀杏也有雌樹與雄樹，只有雌樹能結出銀杏。如果選擇銀杏樹為行道樹，通常都會種雄樹，避免銀杏果實掉落地面，造成環境髒亂。

明明是植物卻有雌雄之分，讓人感覺很奇妙。

不過，仔細想想，所有動物都有雌雄公母的分別，但一朵花裡有雌蕊和雄蕊，像這樣雌與雄在同一株植物裡或許才是特例。

有些動物是雌雄同體，例如蚯蚓和蝸牛。由於蚯蚓和蝸牛無法移動到很遠的地方，若有公母之分，很難遇到異性。為了留下後代才會雌雄同體，無論對方是公是母都能達成交配的目的。

植物無法移動，便演化出如蚯蚓和蝸牛雌雄同體一樣的「兩性花」，在同一朵花裡同時擁有雌蕊和雄蕊。

自花受粉的缺點

一朵花同時擁有雌蕊和雄蕊，便可將自己的花粉沾在自己的雌蕊上，結出種子，這種情形聽起來最好不過。但事實上，植物還是喜歡讓風吹走花粉或吸引昆蟲前來，藉此將花粉運送到其他花朵上雜交。

即使將自己的花粉沾在自己的雌蕊上，結出種子，也只能繁衍出和自己一模一樣的後代。假設親株不耐病，後代子孫也很容易受到疾病威脅，一旦疾病蔓延開來，後代子孫將全軍覆沒。

和其他植物交換花粉，進行雜交，可以生出擁有不同特性的後代。如此一來，即使環境變化或疾病蔓延也不會滅絕。

誕生多樣化後代的巧思

一朵花同時長有雌蕊和雄蕊，很容易出現自花受粉的情形，因此植物設置了避免自花受粉的機制。

最明顯的是植物花朵的雌蕊比雄蕊長。若是雄蕊較長，花粉就會容易掉在雌蕊上，為了避免這種情形，雌蕊才會長得比較長。

此外，雄蕊和雌蕊的成熟期不同，假設雄蕊先成熟，就算花粉沾到沒有受精能力的雌蕊上，也不會結出種子。相反的，若雌蕊先成熟，雄蕊在製造花粉時，雌蕊早已完成受精。

不僅如此，即使自己的花粉沾到雌蕊，雌蕊前端的物質會攻擊花粉，阻礙花粉發芽，終止花粉管伸長。這種特性稱為「自交不親和性」。

奇異果從一開始就有雄樹和雌樹之分，因此不需要上述機制避免自花受粉。

和其他植株交配，有助於製造出多樣化後代。而且為了將自己的花粉運送到其他同種植物上，植物必須製造大量花粉。若花粉無法順利運送出去，可能無法結出種子。從短期來看，以自己的花粉沾在自己的雌蕊上，結出種子的「自花受粉」較為有利。生長在沒有媒介運送花粉的人工環境的雜草，或是受到人類保護的作物，通常都行自花受粉。

09 法隆寺的柱子是活的？

柱子會呼吸？

日本奈良的法隆寺是全世界最古老的木造建築而為人熟知。即使是水泥建物也無法保證可以存在百年，但這座木材興建的寺廟經歷了一千四百年仍不腐朽，至今維持著原有樣貌，實在令人驚訝。

據說以千年大樹做成柱子，還能再活千年。法隆寺的柱子真的是活的嗎？

樹木很神奇，冰冷乾燥的樹幹讓人感受不到生命力，冬天掉光樹葉宛如枯樹的姿態，讓人看不清是死是活。而有些樹木卻十分長壽，可以活到幾千年。

以「活著」來描述不會成長，也沒有生命活動的木頭柱子，並不是指像生物那樣活著。意思是即使做成柱子，木頭本身也會彎曲，也會呼吸，吸收並排出空氣中的水分，這些現象不過是死掉的細胞吸收或蒸散水分，不代表活著。

法隆寺的柱子是心材

樹幹中心的木材顏色通常較深，有的帶紅、有的偏黑，這個部分稱為「心材」。心材堅硬，不易腐朽，一般認為最適合做成柱子。

心材是樹木為了延續生命想出的保命符。白蟻和天牛以樹木為食，在樹上開洞。蕈類也在樹皮裡植入菌絲，藉此分解木材。為了抵禦外敵，樹木在樹幹中央儲存抗菌物質。抗菌物質可讓木頭變硬，利用物理特性保護自己。此外，注入抗菌物質，塞住輸送水分和養分的導管與篩管，避免水分滲透，從內部腐化。港口常見水面上漂浮著木頭，木頭卻沒有腐朽就是這個緣故。

法隆寺的柱子使用心材製成，經過一千多年也不腐壞，成為寺廟最強大堅固的支柱。

樹木真是不可思議

為什麼植物只保護心材，而不是保護整體呢？

樹木含有一種難以分解的物質，稱為「木質素」，木質素連接著細胞。柔軟的莖部是靠著木質素變硬，進而長成大樹。

木質素的原文lignin在拉丁語中是「木材」的意思。

木質素使木頭變硬，即使細胞死亡仍能維持形狀。事實上，樹木的心材細胞早已死亡，在此情況下導管和篩管阻塞也沒關係。心材以外的細胞則是活的，導管和篩管絕對不能堵住。心材周圍的木頭稱為「邊材」，顏色比心材淺、質地也較柔軟。

樹木是靠死掉的細胞支撐樹幹，活著的細胞踩在前人的屍體上成長茁壯。而活著的部分露在最外層，毫無防備，因此需要覆蓋一層堅硬的樹皮保護。有些野生動物，例如熊，會剝樹皮來吃，樹皮內側為內樹皮，富含澱粉和蛋白質，內樹皮就是活細胞存在的部分。

位於中心的心材處於死亡狀態，但死去的細胞無法自帶抗菌物質，也無法

木材的心材與邊材

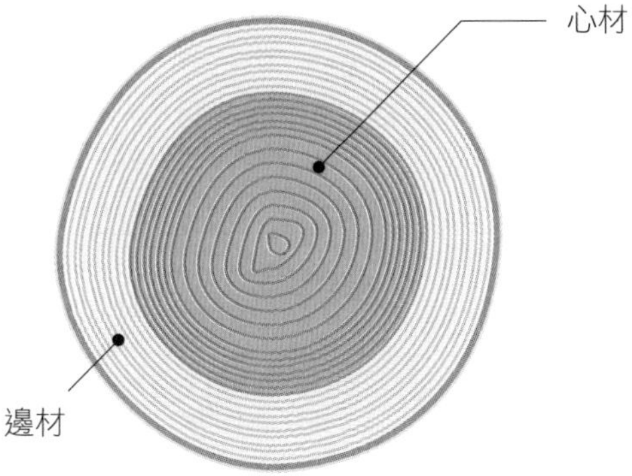

阻塞導管和篩管，抗菌物質需要另找管道輸送。仔細觀察木材，會發現多條與年輪垂直且呈輻射狀的條紋，這些條紋路就像施工用的搬運道路一樣，將抗菌物質從活著的外側部分運往中心處，製造心材。

活著與死亡的部分就是像這樣慢慢建構成一棵大樹，樹木真是不可思議的生物。

年輪的形成方法

若有機會觀察製作柱子的木材原料，會在橫切面處看見年輪。我在前面說過，雙子葉植物有一層專門產生運送水分和養分之細胞的形成層，形成層細胞不斷分裂增生，持續成長，使樹幹變粗。

春到夏季是形成層細胞分裂的高峰，這時候樹幹會明顯變粗，樹木也愈長愈大。不過到了秋冬兩季，樹木成長趨緩，幾乎看不出變化。一直到明年春天，細胞分裂再次活躍，樹幹又變粗了。樹木的成長週期就是像這樣不斷重複旺盛與停滯的現象。

秋到冬季成長趨緩的狀態會留下痕跡，形成明暗分明的界線，這就是「年輪」。由於每年都會留下一圈年輪，因此只要清點年輪數目，就知道這棵樹活了幾年。

直紋與山形紋的特徵

運送水分的導管和運送養分的篩管，直向排列形成輸導組織。

由於這個緣故，樹木可以承受很強的橫向力道，例如橫向吹來的強風，但遇到直向力道就會縱裂開來。通常我們拿柴刀砍木頭時，只要立起木頭就能輕鬆劈開，若將薪柴橫擺，劈材就得費盡力氣。因為木材纖維呈直向排列，鋸子也分成撕開纖維的縱開鋸，和切斷纖維的橫斷鋸。

縱向切開木材可以看到兩種紋路，一種是通過年輪圓心垂直切開的「直紋」，

直紋與山形紋

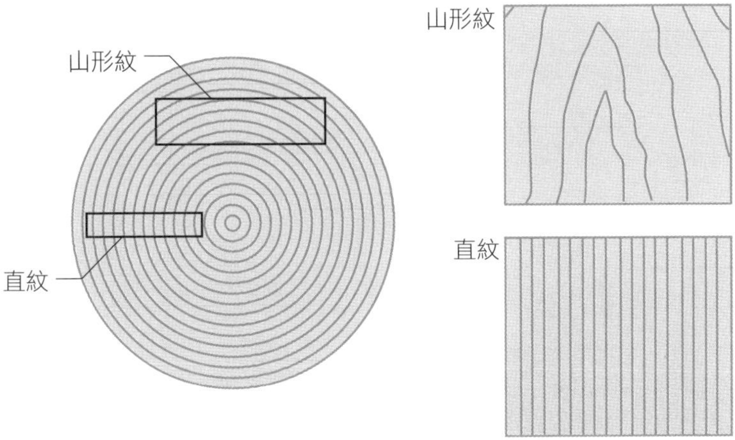

以及沿著年輪切線垂直切開，表面呈不規則紋路的「山形紋」。

直紋的木紋排列均等，切成木板後鋪設不容易翹起，是高級的木板。山形紋是沿著年輪切線切開的紋路，因此會有表裡之分，分別來自樹幹外側與樹幹中心。樹幹外側的表面含有較多水分，樹幹中心的內側水分較少，當木材乾燥時，表面就會收縮翹起。

容易翹起的山形紋也有用處，秋冬季形成的年輪不易滲水，因此沿著年輪切線切割的山形紋木板具有防水效果。由於這個緣故，山形紋木板最適合做成酒樽、沐浴桶、船等物體。

相反的，直紋木板除了年輪以外的部分都會滲水，但也具有吸水性，不僅透氣又吸濕。由於這些特性，直紋木板通常做成米桶、化妝箱、魚糕板等物品。古人懂得利用不同紋路的特色與優點，巧妙製作不同紋路的木材用品。

10 帶來便利生活的植物纖維

用處多多的食物纖維

「被神放棄的人要靠自己的雙手掌握運氣。」

有一次在廁所裡看到這句不曉得是誰寫的話，日文裡的「神」，讀音和「紙」一樣，因此這句話帶有雙關語的詼諧感。我趕緊確認廁所裡有沒有衛生紙，幸好我並沒有被神（紙）放棄。

真不敢想像生活必需品如果沒有紙，我們會過著什麼樣的生活？雖說現在是推廣無紙的時代，似乎沒有紙也沒關係，但我們的生活周遭依然充滿紙製品。如果沒有紙，不僅無法印製紙本書和筆記本，也無法製作工作資料，就連紙鈔也做不出來。

紙的原料是植物纖維。

植物纖維十分耐用，人類自古就從植物萃取纖維使用。揉捻植物纖維可以製作繩子，若依序縱橫交錯的編織，還能做成編織物。另外，若將纖維切碎、剝開，再將纖維混在一起使其緊密交纏，就能做成紙。撕開紙，仔細觀察斷裂的剖面，會發現斷裂處有細毛，這就是植物纖維。

植物和動物細胞的差異

植物細胞與動物細胞的基本構造相同，比較兩者，最大的差異在於植物細胞有細胞壁。細胞壁是由纖維素製成的。

纖維素是由植物產生的葡萄糖組成的，澱粉也是一樣。不過，纖維素比澱粉強韌。纖維素是由穩定的氫鍵連結葡萄糖，因此不容易遭到破壞。

在恐龍誕生的遠古時代，生活在水中的藻類來到陸地生存，必須擁有可以支撐身體的物質。後來水生植物利用糖成功製造出纖維素，才變成陸生植物。

食物纖維為何有益身體健康？

纖維素很強韌，哺乳動物吃了也無法消化吸收，我在前面牛的四個胃的內容中介紹過，草食動物的消化器官中有微生物共存，可以發酵並分解纖維素。

遺憾的是，人類無法像牛馬一樣在體內分解並利用纖維素。但大家都說植物含有的纖維有益人體健康，這又是怎麼一回事？

人類吃下的植物纖維，能增加以植物纖維為食的乳酸菌和比菲德氏菌等腸內好菌，調整腸道狀況。此外，植物纖維可吸附有害物質，增加糞便量，刺激腸道，促進排便，發揮清潔腸道的作用。

排便完畢後，人類還要靠以植物纖維素製成的紙清潔。要是沒有植物纖維，別說是紙了，就連擦屁股的葉子或繩子都沒有。

若不珍惜紙張，或許在不久的將來，人類就會被紙放棄了——或許這才是廁所裡的塗鴉警示我們的事情。

11 植物星球——地球

地球三十八億年的歷史

科幻電影經常出現以下的近未來場景。

豐沛大地遭到輻射汙染，許多生物面臨滅亡危機，以輻射為食的異種怪物不斷演化。

這絕對不只是電影中的場景，事實上，這才是地球歷史與生物演化的故事。

地球上的生命出現在三十八億年前。

有一天，演化出一種令人敬畏的生物，那是植物的祖先「浮游植物」。浮游植物含有葉綠體，行光合作用，利用二氧化碳和水製造能量。

行光合作用就會產生無用廢物，也就是氧氣。對於當時地球上的微生物來說，氧氣是毒性物質。沒想到氧氣的毒性沒有讓微生物滅絕，反而演化出吸進氧氣後可以維持生命活力的生物，也就是動物的祖先「浮游動物」。氧氣雖然有毒性，但也具有活化力，可以製造出爆發性的能量。由於這個緣故，吸入氧氣的浮游動物可以利用充沛能量，四處走動與活動。大量的氧氣有助於生成膠原蛋白，讓浮游動物的體型愈來愈大。就像在科幻電影中，因輻射線變得巨大的怪獸。

植物改變了地球環境

不只如此，光合作用在大氣中釋放了大量氧氣，大幅改變地球樣貌。氧氣轉化成大量的臭氧，形成臭氧層。臭氧層可吸收有害的紫外線，避免過量紫外線照射到地面上。這個改變讓海中植物成為陸上植物。從結果來看，植物為了自己的演化，而大幅改變了地球環境。

許多曾經在地球上繁榮旺盛的厭氧微生物，受到氧氣影響而死亡。少數存活下來的微生物只能潛入地底或深海等無氧環境，默默生存。

如果外星人觀測人類……

隨著時代更迭，人類出現了。

人類創造了文明，燃燒煤炭、石油等化石燃料，消耗大氣中的氧氣，導致二氧化碳濃度上升。人類製造的氯氟碳化物破壞臭氧層，使原本遮擋住的紫外線再次照射到地表。

植物打造出綠色地球，人類卻企圖將綠色地球打回生命誕生之前的行星狀態。不只如此，植物成群生長的森林遭到破壞，荒蕪一片的沙漠範圍愈來愈廣大，植物供應的氧氣正在減少中。

如果外星人正在觀測地球，他們對人類會有什麼想法？是認為人類很強悍，可以回到遠古時代的地球環境繼續生活？

或者認為人類是笨蛋，破壞自己生長的綠色星球？

我們要好好愛護綠色地球喔！

結語

向植物學習生存之道

各位可能覺得「生物學」是一門需要硬背的科目，尤其是生物學中的「植物學」十分枯燥乏味，一點都不有趣。事實真是如此嗎？

植物是活躍的，植物的生命力比我們想像的還神奇，充滿未解之謎。而且植物的生存方式比我們理解的還具有爆發力與戲劇性。衷心希望本書能讓大家發現植物的魅力，這是我最開心的事。

◇

鑽研「植物學」對於我們的生活一點用處也沒有——可能有些人會這麼想。

的確，植物學對於現實生活中的商業或社會生活幾乎沒有用處。

但人類自古就以各種方式利用植物，讓我們的生活更便利。我們吃的蔬菜水果都是植物，房子的梁柱木板也是植物，做成衣服的棉麻原料也是植物。過去我們吃的食物、穿的衣服、住居、用具、肥料、藥物、燃料……所有東西都是來自植物。現代的人類製造出許多化學製品或石油製品，回顧過去可能會覺得依賴植物的生活很落伍，事實上並非如此。

化學製品與石油製品使用完畢就變成垃圾，但植物做成的東西用完可以回歸大自然，而且植物是靠著陽光滋養存活，簡單來說，植物是太陽能製造出的可再生資源。過去的人類熟知植物特性，充分利用植物，可說是偉大的植物學者。我們在未來必須面對各種環境問題，學習植物學可以增加我們的智慧，對我們來說幫助很大。

對人類來說，植物真的很不可思議。

我相信有些人看到美麗的蝴蝶會覺得噁心，也有人害怕可愛的小狗，但我相信應該沒有人會討厭花。

人們看到花都會覺得美，因為花的美麗而深受吸引。然而植物開出美麗的花朵不是為了人類，只是為了吸引昆蟲前來為它運送花粉。花蜜和花粉是昆蟲的食物，昆蟲喜歡花也是理所當然的道理。人類卻不需要倚賴花而活，可是人就是愛花，看到花就感到療癒，愛花的表現毫無道理可言，這真的很神奇。

不只如此，植物讓我們感受到「活著的力量」，我們可以向植物學習「生存之道」。

◇

二〇一一年三月，日本遭受到前所未有的天然災害侵襲，也就是三一一大地震。遭到海嘯侵襲的櫻花樹，季節一到依舊開出美麗的花朵。被泥土和石礫掩埋的康乃馨，也在汙泥中發芽、開花。植物的生命力給予人類無限勇氣。

受災地區撒了許多花的種子。人們撒下的種子逐漸發芽，大地又布滿了綠色植物。花朵的正面能量讓人們看見了復興的希望。

植物開花不是為了給人類勇氣。

偏偏植物頑強活著的模樣讓人類感到療癒，讓人類產生勇氣。

植物真是不可思議而且偉大的存在。

◇

謝謝PHP Editors Group的田畑博文先生企劃本書，也在出版時給予許多幫助，我衷心感謝。

稻垣榮洋

有趣到睡不著的植物學：花朵占卜有必勝法！

作者：稻垣榮洋／繪者：封面-山下以登、內頁-宇田川由美子／譯者：游韻馨
責任編輯：許夢虹／封面與版型設計：黃淑雅
內文排版：立全電腦印前排版有限公司

總編輯：黃文慧／編輯：許雅筑
行銷總監：祝子慧／行銷企劃：林彥伶、朱妍靜
印務：黃禮賢、李孟儒

社長：郭重興／發行人兼出版總監：曾大福
出版：快樂文化出版／遠足文化事業股份有限公司
FB粉絲團：https://www.facebook.com/Happyhappybooks/
發行：遠足文化事業股份有限公司／地址：231 新北市新店區民權路108-2 號 9 樓
電話：（02）2218-1417／傳真：（02）2218-1142
電郵：service@bookrep.com.tw／郵撥帳號：19504465
客服電話：0800-221-029／網址：www.bookrep.com.tw
法律顧問：華洋法律事務所蘇文生律師

印刷：成陽印刷股份有限公司／初版一刷：西元2020年11月／定價：360 元
ISBN：978-986-99532-0-7 (平裝)

國家圖書館出版品預行編目（CIP）資料

有趣到睡不著的植物學：花朵占卜有必勝法！/ 稻垣榮洋著；游韻馨譯. -- 初版. -- 新北市：快樂文化出版：遠足文化發行, 2020.11
面；　公分
譯自：面白くて眠れなくなる植物学
ISBN 978-986-99532-0-7(平裝)
1.植物學
370　　109016005